为人三会
会说话　会办事　会做人

陈　瑶　编著

中国出版集团
中译出版社

图书在版编目（CIP）数据

为人三会：会说话　会办事　会做人/陈瑶编著
. -- 北京：中译出版社，2019.5（2021.8 重印）
ISBN 978-7-5001-5975-9

Ⅰ . ①为… Ⅱ . ①陈… Ⅲ . ①人生哲学—通俗读物
Ⅳ . ① B821-49

中国版本图书馆 CIP 数据核字 (2019) 第 090903 号

为人三会：会说话　会办事　会做人

出版发行：中译出版社
地　　址：北京市西城区车公庄大街甲 4 号物华大厦 6 层
电　　话：（010）68359376　68359303　68359101
邮　　编：100044
传　　真：（010）68357870
电子邮箱：book@ctph.com.cn
总 策 划：张高里
责任编辑：顾客强
封面设计：青蓝工作室
印　　刷：北京一鑫印务有限责任公司
经　　销：新华书店
规　　格：880 毫米 ×1230 毫米　1/32
印　　张：6
字　　数：175 千字
版　　次：2019 年 5 月第 1 版
印　　次：2021 年 8 月第 5 次

ISBN 978-7-5001-5975-9　　　　定价：29.80 元

中译出版社

前　言

在我们周围，我们经常看到一些虽然业务能力不是太突出但很会为人处世的人，他们的身边充满了欢乐，总是有那么多人愿意追随他、帮助他，似乎世界上的一切财富、地位、荣誉等与"幸福"有关的东西都是给他们预备的。而一些才能出众、特立独行的人，他们活没少干、力没少费、汗没少流，但总摆脱不了处处碰壁的窘境，饱尝英雄无用武之地的痛楚。之所以会出现这种巨大的反差，往往是缘于他们是否会说话，会办事，会做人。

人在社会上行走，说话、办事、做人的水平是其综合能力的集中体现。大凡此三样水平都高的人，在工作上站得稳，在事业上行得通，在社会上吃得开。反之，则容易陷入步履艰难的境地。

一个会说话的人，可以恰到好处地表达自己的意图，把道理表述清晰，让别人乐意接受自己、支持自己。

一个会办事的人，没有攻不破的城，也没有办不妥的事。办事没成功，往往不在于对方的不合作与不讲理，而在于自己使用的方法不对。

一个会做人的人，必定广结善缘。他们处处能得到他人的帮助，众人拾柴火焰高。而那些不会做人的人，不但没有人帮忙，还可能被他人捣乱拆台。

红尘世间，纷纷扰扰。人来人往，步履匆匆。

擦身而过中，有人一声哀叹"做人真难"，又有人几句抱怨"生活太累"。

歌中唱："你我皆凡人，生在人世间。终日奔波苦，一刻不得闲……"它或许为我而写，为你而写，为他而写。

本书围绕说话、办事、做人抽丝剥茧、层层展开。全书尽量摒弃枯燥的理论、空洞的说教，告诉读者如何会说话、会办事、会做人，继而成为人生的赢家。

目　　录

第一章
能说会道，一切尽在掌控中

　　火车跑得快，全靠车头带。再先进的列车如果没有车头的动力，也只能待在原地不动。

　　如果把人与人之间的交往比作火车的话，"说话"就是"车头"了。能说会道的人，往往能够用语言这个"动力"，牵引交往的"火车"，沿着预设的轨道平稳而又快速地到达目的地。

有效沟通从谈心开始

谈心与聊天不同。聊天的话题广泛，随聊随换，而谈心则是针对一定的心理、思想分歧而进行的。

1. 目的明确

谈心要取得成功，必须明确目的，有所准备。

明确目的主要指谈心后要达到的结果。比如两人之间有看法，互不服气，以至于影响到工作上的合作。谈心之前要明确目的，为的是让对方更多地了解自己，摒弃前嫌，携手共进。

有所准备是指在谈心前精心构思交谈用语、谈话内容及谈话进程，怎样开始，说些什么，何时结束，都进行充分准备，以免谈起话题来零乱分散，甚至言不及义，影响表达效果。

有所准备还包括预设谈话中可能出现各种情况的处理方法。有了这些准备，谈心活动就不会演变成争吵或僵持，就能根据对方的反应调整交谈方式，确保交谈目的的实现。

2. 说好"开场白"

谈心开始时见面的第一句话，是需要先构思好。这时，可以让表情来代替。一个真诚自然的微笑，表明你与对方谈心的态度是诚挚的。首先，在情感上就给对方以很大影响，然后再来上一两句寒暄话，进一步表明你的友好态度和诚意。这样的"开场白"有利于气氛的缓和，有利于谈话的继续进行。

开场白过后，应很快地切入主题，譬如消除某个误会，说明某种情况等。因为这时双方的关系只是表面的礼节性的和缓，若过多地谈论其他的内容，会引起对方的反感，同时也会暴露你的弱点。直接切入正题，让双方就一个问题展开对话，进行沟通，尽快消除分歧，澄清误会，说明情况，以便达成共识。

3. 表达诚意

谈心是要向交谈对象阐明自己的某种观点或见解，而不是加剧矛盾。因此要以诚恳之心选用中性的不带有强烈刺激性的词语，减少对方的反感和受刺激的心理效应，让这样的话语可传达出你希望冰释前嫌的诚意。

在整个谈心过程中，对个性极强、难以理喻的谈心对象，要把握其特点，除了使用能阐明观点的话语外，更要以情动人，多使用具有情感交流作用的词语来舒缓气氛，沟通心灵，理顺情绪。如有两位老同志，许多年前因工作造成分歧，相互不理睬。其中一位多次上门希望化解，但对方态度强硬，拒不接受。这次他又去了，说了这样的话："我今年55岁了，你比我大，该是58岁了吧？咱们都是过了大半辈子的人了，还有多少年好活呢？我真不希望咱们到另一个世界还是对头。"从人生无多这个老年人易动情的话入手，使对方产生情感共鸣，终于消除了多年的隔阂。

4. 注意语气、声调和节奏

谈心时，如果语气、声调和节奏运用不当，也会影响到说话的气氛以及最终结果。

谈心时，语气要和缓、委婉，不能声色俱厉，咄咄逼人。和缓委婉的语气能冲淡对方的敌对心理，能给对方一种信任感、诚实感，不至于造成双方心理上的敌对防御，不至于激化矛盾。语气往往体现在说话的表述方式上，追问、反问、否定往往使语气显得生硬、激烈，易引起对方反感；而回顾、商榷、引导、模糊等语气，往往能制造平和融洽的谈话气氛，有利于减轻双方的压力，阐明事实、表明观点。

声调在谈心的效果上有重要作用。当一个人心存怒气时，说话的声调无疑会上扬，形成一种尖刻的没有耐心的高声调。这种调子有很强的传染性，会使对方马上也像受传染一样针锋相对，厉声对厉声，尖刻对尖刻，只会使事态扩大，矛盾加深。

　　语言的节奏有快有慢，有缓有急。使用快节奏讲话往往会使你显得心急，情绪不稳，易激动发火，这不利于交谈对方的思考和应对，显得你没有诚意；节奏太迟太缓，显得缺乏生气，没有信心，影响谈话效果；交谈语言节奏适度，方显自然、自信、有力，易于从心理上影响对方，产生良好的心理效应。

引起对方的心理共鸣

人与人之间交往，很难在一开始就产生共鸣，往往必须先引发对方与你交谈的兴趣，经过一番深入的交流，才能让彼此更加了解。

当一个人尝试说服他人、对另一个人有所求的时候，这样的方法也同样适用。最好先避开对方的忌讳，从对方感兴趣的话题谈起，不要太早暴露自己的意图，让对方一步步地赞同你的想法。当对方跟着你的思路进行到一定程度时，便会不自觉地认同你的观点。这个说服的方法叫"心理共鸣"法。

伽利略年轻时就立下雄心壮志，要在科学研究方面有所成就，他希望得到父亲对他事业的支持和帮助。

一天，他对父亲说："父亲，我想问您一件事，是什么促成了您同母亲的婚事？"

"我看上她了。"

伽利略又问："那时您有没有想过找过别的女人？"

"没有，孩子。家里的人要我找一位富有的女士，可我只钟情你的母亲，她从前可是一位风姿绰约的姑娘。"

伽利略说："您说得一点也没错，她现在依然美丽，您不曾想过娶别的女人，因为您爱的是她。您知道，我现在也面临着同样的处境。除了科学以外，我不可能选择别的职业，因为我喜爱的正是科学。别的事情对我毫无用途也毫无吸引力！难道要我去追求财富、追求荣誉？科学是我唯一的需要，我对它的爱有如对一位美貌女子的倾慕。"

父亲说："像倾慕女子那样？你怎么会这样说呢？"

伽利略说："一点也没错。亲爱的父亲，我已经 18 岁了，别的学生，哪怕是最穷的学生，都已想到自己的婚事，可是我从没想过那方面的事。我不曾与人相爱，我想今后也不会。别的人都想寻求一位标致的姑娘作为终身伴侣，而我只愿与科学为伴。"

父亲始终没有说话，仔细地听着。

伽利略继续说："亲爱的父亲，为什么您不能支持我实现自己的愿望呢？我一定会成为一位杰出的学者，获得教授身份。我能够以此为生，而且比别人生活得更好。"

父亲为难地说："可我没有钱供你上学。"

"父亲，您听我说。很多穷学生都可以领取奖学金，我为什么不能争取到一份奖学金呢？您在佛罗伦萨有那么多朋友，您和他们的交情都不错，他们一定会尽力帮助您的。"

父亲被说动了："嘿，你说得有理，这是个好主意。"

伽利略抓住父亲的手，激动地说："我求求您，父亲，求您想个法子，尽力而为。我向您表示感激之情的唯一方式，就是……就是保证刻苦钻研，成为一个伟大的科学家……"

伽利略在与父亲的交谈中取得很圆满的结果，这为他日后成为一位闻名遐迩的科学家打下了一个基础。

伽利略在与父亲的交谈中采用的就是"心理共鸣"的说服方法。这种说服法一般可分为以下四个阶段：

1. 导入阶段

先顾左右而言他，引起对方的共鸣或兴趣。伽利略先请父亲回忆和母亲恋爱时的情况，引起了父亲的兴趣。

2. 转接阶段

逐渐转移话题，引入正题。伽利略巧妙地通过这句话把话题转到自己身上："我现在也面临着同样的处境……"

3. 正题阶段

提出自己的建议和想法。伽利略提出"我只愿与科学为伴"，这正是他要说服父亲的主题。

4. 结束阶段

明确向对方提出要求，达到说服的目的。为了使对方容易接受，还可以指出对方这样做的好处。伽利略正是这样做的。他说："为什么您不能帮助我实现自己的愿望呢？我一定会成为一位杰出的学者，获得教授身份。我能够以此为生，而且比别人生活得更好。"

用赞美拉近彼此的距离

说话如同射箭，射出去的箭就收不回来了。在人与人之间交谈的过程之中，一句话有可能使人对你终生心怀感激，也可能令人对你怀恨终生。下面这则寓言《一句话一辈子》很好地印证了这一点。

在茂密的深山老林里，一位樵夫救了一只小熊，老熊对樵夫感激不尽。有一天樵夫迷路了，遇见了老熊，老熊不仅留他住宿，而且还以丰盛的晚餐款待了他。第二天清晨，樵夫对老熊说："你招待得很好，但我唯一不喜欢的地方就是你身上的那股臭味。"老熊听后心里很不痛快，说："作为补偿，你用斧子砍一下我的头吧。"樵夫按要求做了。若干年后，樵夫再次遇到老熊，他问老熊："你头上的伤口好了吗？"老熊说："噢，那次头痛了一阵子，伤口愈合后我就忘了。不过那次你说过的话，让我心痛了一辈子，总也忘不了。"

这则寓言要警示世人的是这样一个哲理：在交谈之中，真正伤害人心的不是刀子，而是比刀子更厉害的东西——语言。良言一句三冬暖，恶语伤人六月寒。一句抚慰人心的话语，能够点亮一个人的心灵，甚至会影响人的一生。

1961年，当贫民窟的黑人穷孩子罗尔斯淘气地从窗台上跳下，伸着小手走向讲台时，新任校长皮尔·保罗对他说了一句话，他说："我一看你修长的小拇指就知道，将来你是纽约的州长。"当时，罗尔斯大吃一惊，因为长这么大，只有他奶奶的一句话让他振奋过一次，说他可以成为5吨重的小船的船长。这一次皮尔·保罗校长竟说自己可以成为纽约州的州长，着实出乎他的意料。他记下了这句话，并且相信了他。从那天起，纽约州长就像一面旗帜鼓舞着他。他的衣服不再沾满泥土，说话时也不再夹杂着污言秽语，他开始挺直腰杆走路。在以后的 40 多年间，他没有一天不按州长的身份要求自己。在罗尔斯 51 岁那年，他真的成了州长。由此可见美言一句的分量。

而一句不经意的恶语能令人寒彻心肺，记恨终生。正如我国春秋时期著名军事家孙子所言："赠人益言，贵比黄金；伤人之言，恶如利刃。"我们都有这样的经历。小时候，有人只讲一句话就会让我们感激得想亲他，但有时候，有人只讲一句话，就会让我们一辈子不能释怀。

要有新发现，才有好赞词。在与他人交流的过程中，尤其是与顾客交谈时，赞美固然重要，但是，千篇一律的赞美，或总是用几句固定的话、陈旧的方式，是不会达到赞美的效果的，而且容易使人生厌。由于你的话语过于平淡，而不能引起对方的情感波动，就不可能博得人心。

一个人或许在工作中没有什么特点，但玩台球却玩得很高明，或者歌唱得不错等，都可以进行赞美。因为很少有人会注意到他的这些不为人知的专长。俗话说：物以稀为贵。你的赞美内容对被赞美者来说，越是少见的，则越是可贵的。

美国一位黑人生意人，在与一位白人做生意时，那位白人竟不遵守自己的诺言，迟迟不将货款付给他，且有赖账的迹象。这位黑人于是打电话给白人，他说："先生，我爷爷也是一个生意人，他曾经告诉我，在南北战争以前，白人是很少向黑人许诺的，但一旦许下诺言，无论怎样都会兑现；因此，我一直很相信您的为人，相信您一定不会忘记自己说过的话。"通过这样一番交流，黑人竟轻而易举地拿到了全额的货款，从而免了上法庭打官司等一系列烦琐的事情及不可预知的后果。

有一位摄影师在为一位女明星拍照，女明星对着镜头有些不自然。摄影师在拍照前的十几秒钟对她说："小姐，你的耳朵真漂亮，我从来没有见过这么漂亮的耳朵。"平时女明星被人夸的地方太多了，已经习惯了。但是，此时听到居然有人赞美她的耳朵，以前连她自己都没有发现，她赶紧摸摸自己的耳朵。当她自然地把手放下时，摄影师的快门已经按下去了。摄影师在关键的时候赞美别人不注意的地方，这一招真是很厉害，面对客户更要如此。

其实，摄影师的做法，就是凭着自己的一双慧眼，抓到了别人没有注意的东西，绕开人们经常关注的焦点，得到"曲径通幽处，巧语至诚心"的最佳效果。

美国著名人际关系学大师卡耐基在一篇叫《激发人类潜在的高贵动机》的文章里写道："我们每一个人都是理想主义者，都喜欢为自己做的事找个动听的理由。因此，如果要改变别人，就要找一个能打动人心的理由。"他还说："平铺直叙地报告事实真相是不够的，必须使事实更生动，有趣而戏曲化地表现出来，才能有效地引起别人的注意。"

我们在交谈时，应该用全新的、细致的赞美去戏剧化地向沟通对象介绍事实，引起他们聆听的兴趣，那么就会出奇制胜。

赞美要讲究艺术，才能皆大欢喜，达到交流之目的。三国时期，孔明六出祁山，希望找一位主帅。张飞的儿子张苞与关公的儿子关兴争相为帅。孔明难以决定，便要他们二人各自称赞父亲的功劳，以作为标准。张苞说："我父亲大喝长坂坡，能斥退曹操的兵将；在百万大军中取上将首级，更如探囊取物。"关兴因为口吃，一直想说其父关公的事迹，但又说不出来，只有结结巴巴地说："我父亲的胡子很长。"这时关公在云端显灵，生气的大骂："小子，你父亲过五关斩六将，诛文丑，斩颜良，一世的英名，你不知道赞美，只说胡子很长。"

赞美不当，才有此笑话。所以，赞美也要得当，否则不免令人有阿谀、逢迎之感，甚至还会如上述所说，徒然遗人笑柄，反为不美！

深入了解对方

有一次，美国钢铁公司总经理卡里请来美国著名的房地产经纪人约瑟夫·戴尔，对他说："约瑟夫，我们钢铁公司的房子是租别人的，我想还是自己有座房子比较好。"卡里从自己的办公室窗户望出去，只见江中船舶来往，码头上车辆密集，一幅非常繁荣热闹的画面。卡里接着又说："我想买的房子，也必须能看到这样的景色，或是能够眺望港湾的，请你去替我物色一所条件相当的楼房吧。"

约瑟夫·戴尔费了好几个星期的时间，琢磨哪里有这样合适的房子。他又是画图纸，又是造预算，但事实上这些东西竟一点儿也派不上用处。但是最后，他仅凭着两句话和 5 分钟的沉默，就买了一座合适的房子给卡里。

自然，在许多"合适"的房子中间，第一座便是卡里及其钢铁公司隔壁相邻的那幢楼房，因为卡里所喜爱的江面景色，除了这所房子以外，再没别的地方能更好地眺望江景了。卡里似乎很想买隔壁相邻那座更时髦的房子，并且据他说，有些同事也竭力想买那座房子。

当卡里第二次请约瑟夫去商讨买房之事时，约瑟夫劝他买下钢铁公司正在使用着的这幢旧楼房，同时还指出，隔壁相邻那座房子中所能眺望到的景色，不久便要被一座计划中的新建筑所遮蔽了，而这所旧房子还可以保全多年对江面景色的眺望。

卡里立刻对此建议表示反对，并竭力加以辩解，表示他绝对无意购买这旧房子。但约瑟夫·戴尔并不申辩，他只是认真地倾听着，脑子中飞快地在思考着，究竟卡里的意思是想要怎样呢？卡里始终坚决地反对购买那座旧房子，这正如一个律师在论证自己的辩护，然而他对那所房子的木料、建筑结构所下的批评结论，以及他反对的理由，都是些无关紧要的琐碎的地方，显然可以看出，这并不是出于卡里的本意，而是出自那些主张买隔壁相邻那幢新房子的职员的意见。约瑟夫听着听着，心里也明白了八九分，他知道卡里说的并不是其真心话，其实他心里是想买的，却在他嘴上竭力反对他们已经占据着的那所旧房子。

由于约瑟夫一言不发地静静坐在那里听，没有反驳他对买这所房子的反对，卡里也就停下来不讲了。于是，他们俩都沉寂地坐着，向窗外望去，看着卡里所非常喜欢的景色。

约瑟夫后来曾对别人讲述他运用的策略："那时候，我连眼皮都不敢眨一下，非常沉静地问卡里：'先生，你初来纽约的时候，你住在哪里？'他沉默了一会儿才说：'什么意思？就住在这所房子里。'我等了一会儿，又问，'钢铁公司在哪里成立的？'他又沉默了一会儿才答道：'也在这里，就在我们此刻所坐的办公室里诞生的。'他说得很慢，我也不再说什么。就这样又过了5分钟，这时简直像过了15分钟的样子。我们都默默地坐着，大家眺望着窗外。终于，他以半带兴奋的腔调对我说：'虽然我的职员们都主张搬出这座房子，然而这是我们的发祥地啊。我们差不多可以说是在这里诞生成长的；这里实在是我们应该永远长驻下去的地方呀！'于是，在半小时之内，这件事就完全办妥了。"

这位经纪人并没有利用欺骗或华而不实的沟通术，也未曾炫耀许多精美的图表，居然就这样完成了他的工作。

原来约瑟夫·戴尔经过集中全部精力来考察卡里心中的想法，并根据考察的结果，很巧妙地刺激了卡里的隐衷，使其内心的想法完全透露出来。他就像一个点燃干柴的人，以微小的星火，触发熊熊的烈焰。

约瑟夫·戴尔的成功，完全是因为他从两次与卡里的交谈中，琢磨出他心中的真正想法。他感觉到在卡里心中，潜伏着一种他自己并不十分清晰的、尚未觉察的情绪，即一种十分矛盾的心理。那就是，卡里一方面受其职员的影响，想搬出这座老房子；而另一方面，他又非常依恋这所房子，仍旧想在这儿住下去。

卡里想在这所旧房子里住下去的理由，虽然他自己并不很清楚，但局外人却看得出，这座有着他所熟悉喜爱的江面景色的老房子，已经成为他生活的一部分，它能使他回忆起早年的创业和成功，因而充满成就感和深切的感情，这就是在他潜意识中对这所老房子依恋的所在。

卡里想搬出这所房子的理由，也同样是很明显的，在我们看来是很明白的，他感觉到他若将他的内心的想法告诉给他的职员，会使自己成为部下笑谈的后果，因此，他害怕的实际上是他的职员们的反对。

约瑟夫·戴尔之所以能做成这桩生意，就在于他能研究出卡里的需求，并使他能用一个新的方法，来解决这个矛盾。

"知己知彼，百战百胜"这句老话，是很有道理的。战争如此，在沟通过程中说服别人也必须如此。在说服对方之前，必须透彻地了解被说服对象的有关情况，以便有针对性地进行工作。

1. 了解对方的长处

一个人的长处，就是他最熟悉、最了解、最易理解的领域。如有人对部队生活熟悉，有人对农村生活比较熟悉，有人擅长于文艺，有人擅长于语言，有人擅长于交际，有人擅长于计算等。在说服人的时候，从对方的长处入手。第一，能和他谈到一起去；第二，在他所擅长的领域里，谈话起来他容易理解，便容易说服他；第三，能将他的长处作为说服他的一个有利条件，如一个伶牙俐齿、善于交际的人，在分配他作供销工作时可以说："你在这方面比别人具有难得的才能""这是发挥你潜在能力的一个最好机会"，这样谈既有理有据，又能表明领导者对他的信任，还能引起他对新工作的兴趣。

2. 了解对方的兴趣

有人喜欢绘画，有人喜欢音乐，还有人喜欢下棋、养鸟、集邮、书法、写作等，人都喜欢从事和谈起其最感兴趣的事物。从这里入手，打开他的"话匣子"，再对他进行说服，便较容易达到说服的目的。

3. 了解对方的想法

一个人坚持一种想法，绝不是偶然的，他必定有自己的理由，而且他讲的道理一般都符合国家政策、集体利益或人之常情。但这常常不是他的真实想法，他的真实想法怕说出来被人瞧不起，难于启齿。如果领导者能真正了解他的"苦衷"，就能有针对性地加以解决。

4. 了解对方的情绪

一般说，影响对方情绪的因素，一是谈话前对方因其他事情所造成的心绪仍在起作用；二是谈话当时对方的注意力正集中在哪里；三是对说服者的看法和态度。所以，说服者在开始说服之前，要设法了解对方当时的思想动态和情绪，这对说服的成败，是一个重要的环节。

了解对方是需要很多学问的。许多人不能说服别人，是因为他没有仔细研究对方的心理，没有研究用适当的表达方式，就急忙下结论，还以为"一眼看穿了别人"。这就像那些自以为医术高明的医生，对病人病情不了解就开了药方，当然没有不碰钉子的。

增强说服力的方法

一般说来，要使自己说话更有说服力，可以运用以下方法：

1. 尽量使用简单的词汇和简短的句子

最言简意赅的文章总是最好的文章，其原因就是它不仅显得铿锵有力，而且很容易理解，对于讲话和对话也可以说是同样的道理。熟练掌握这种艺术的人，说话使用的词汇和发布命令所使用的词语，都是简单、简洁、一语中的，并且很容易理解的，不会有人听不明白。

2. 说话要直截了当而且中肯

如果你想在你所说的各种事情上，都取得驾驭对方的卓越能力，一个最基本的要求就是要集中一点，不要分散注意力。

3. 要以自信的语气讲话

为了达到这个目的，你必须熟悉你讲话的内容，你对你的题目了解得越多、越深刻，你讲得就会越生动、越透彻，语气就越肯定、自信。

4. 要为对方提出最好的建议，不要为你自己提出最好的建议

如果你能做到这一点，你也就可以永远立于不败之地。

5. 不可盛气凌人，要坦率而开诚布公地回答所有问题

即使你可能是你要讲的这个专题的权威人士，你也没有任何理由可以盛气凌人地对待对方。一位著名的管理大师说："我遇到过的任何一个人，总会在某个方面比我更精通。"

6. 要有外交手腕及策略

谦和圆融是指在适当的时间和地点去处理适当的事情，又不得罪任何人的一种能力。尤其是当你对付固执的人或者棘手的问题时，你更需要谦和圆融，甚至使用外交手腕。其实做起来也很容易，就像你对待每一个女人都像对待一位夫人一样，对待每一个男人都像对待一位绅士一样。

7. 话如其人

朴实无华的语言是真挚心灵的表达，是美好情感的展现。因而，语言的朴素美来自平日的处世态度，话如其人，言为心声，平时为人处世质朴真诚，说话也就自然不会扭捏做作。古语说："堂堂君子，其行也正，其言也质"，正是说以真诚的态度为人，永远是语言朴素美的前提。语言的朴素美贵在保持个性，该怎么表达就怎么表达，或严肃，或幽默，或直率，或调侃，或委婉，只要是发自内心，保持本色。

当然，强调"语言的朴实无华"不等于反对含蓄。说话的含蓄是一种艺术。把重要的、该说的部分故意隐藏起来，或说得不显露，却又能让人家明白自己的意思，这就是所谓"只需意会，不必言传"。

8. 讲话要留有余地

有的人开口"当然"，闭口"绝对"，武断得惊人。这样，别人就无话可说了。有人说，武断是沟通的毒药，这话一点不错。谁也不愿和这样的人进行交流。

即使同一个词，修饰后也有程度的差别，如使用"一切""根本""多数""一些""凡是"等词汇，都要根据实际情况来选择，万万不能掉以轻心。把"部分"说成"一切"，把"可能"说成

"肯定"，就会使自己陷入被动，实际上是一种"虚张声势"，说了会碰钉子。

所以说，含蓄是说话的艺术，是因为它体现了说话者驾驭语言的技巧，而且也表现了对听众想象力和理解力的信任。如果说话者不相信听众丰富的想象力，把所有意思全盘托出，这种词义浅显平淡无奇的语言会使话语逊色，甚至使人生厌。

9. 远离假话，摒除大话，不说空话

我国人民历来有着赞颂说真话的美德。早在《韩非子·外诸说左上》中就有关于曾子教妻的故事，一直历久不衰。曾子把妻子开玩笑说的话付诸行动，将猪杀了，让孩子相信母亲的诺言。曾子的妻子未必是在有意欺骗孩子，曾子虽近乎愚拙，但是他坚持了一种最可贵的精神，不让妻子说假话，不对孩子说假话。

大话又称废话，与假话的性质接近。说大话在口才表达上，不但不能给你的话题增辉，反而令你的话题和观点黯然失色。墨子曾对他的学生说，话说得太多，就像池塘里的青蛙，整夜整日地叫，弄得口干舌燥，却没有人注意它；但是鸡棚里的雄鸡，只在天亮时啼叫，却可以一鸣惊人。说话何尝不是如此，与其咿咿呀呀说一大堆废话，不如简明直接，一语中的。现代人时间观念增强了，说废话空耗别人宝贵的时间，不能不说是一种极大的浪费。

大多数的孩子都喜欢吹肥皂泡，被吹出来的肥皂泡在阳光下闪耀着色彩艳丽的光泽，实为美妙。随着五彩泡泡的不断升高，接着一个接一个纷纷破碎。所以人们常把说空话喻为吹肥皂泡，真是最恰当不过了。一些充满各种动听、虚幻诱人的词句，细细咀嚼却没有任何实在的内容，是迟早会被人识破的。

10. 制止套话

说话的目的是为交流思想，传达感情。因此，总得让人家知道

你心中要表达的是什么。只要开口，不管是洋洋万言，还是三言两语，不管话题是海阔天空，还是一问一答，都应使人一听就懂，特别要避免长篇大论的讲话。

一些人惯于用一些现成的套话来代替自己的语言。三句话不离套词，颠来倒去那么几句，既没有思想性，更没有艺术性，令人听后味同嚼蜡。

敢于并善于说"不"

世界著名影星索菲娅·罗兰在自传《TCITGNT 爱情》中，引用了卓别林的一段话："你必须克服一个缺点。如果你想成为一个生活异常美满的女人，你必须学会一件事，也许是生活中最重要的一课，必须学会说'不'。""你不会说'不'，索菲娅，这是个严重缺点。我很难说出口，但我一旦学会说'不'，生活就变得好过多了。"卓别林是想告诫人们要树立一种严肃的、独立自主的生活态度。

生活中有不少人，认识不到"不"字的伟大，遇事优柔寡断，畏首畏尾，结果常使自己处于被动地位，听命于人。这些人心里都知道不要什么、不能怎样和为什么不要、为什么不可能，可就是学不会说"不"，于是简单的"不"字，只在嗓眼里打滚，怎么也跳不出来，这真是人生的一大憾事。

在说服他人时，如果不懂得说"不"，那么成功说服的概率就会大打折扣。

1. 先降低对方对你的期望

与你交谈的人，都是希望你能答应他的要求，或赞成他的观点。一般地说，对你抱有期望越高，你就越是难以拒绝。因此，在拒绝之前，倘若过分夸耀自己，就会在无意中抬高了对方的期望值，增大了拒绝的难度。如果适当地讲一讲自己的短处，就降低了对方的期望。在此基础上，抓住适当的机会多讲别人的长处，就能把对方求助目标自然地转移过去。这样不仅可以达到拒绝的目的，而且使被拒绝者得到一个更好的解决方案，由意外的成功所产生的愉快和欣慰心情，取代了原有的失望与烦恼。

2. 让对方明白自己的处境

当一个人有事求别人帮忙时，有时会只希望别人能满足自己的要求，却往往不考虑给他人带来的麻烦和风险。如果能实事求是地讲清利害关系和可能产生的不良后果，把对方也拉进来，共同承担风险，即让对方设身处地去判断，这样会使提出要求的人望而止步，放弃自己的要求。例如，有个朋友想请长假外出，来找某医生开个肝炎的病历和报告单。对此作假行为医院早已多次明令禁止，一经查实要严肃处理。于是，该医生就婉转地把他的难处讲给朋友听，最后朋友说："我一时没想那么多，经你这么一说，我也觉得这个办法不可行。"

在人际交往中，只要还有一线希望达到目的，谁也不愿意轻易地接受拒绝，究其原因是侥幸心理在起作用。俗话说："不撞南墙不回头。"在拒绝别人的要求时，将铁一样的事实摆在眼前，对方无论是怎样坚持意见的人，也不得不放弃自己的要求。

3. 态度一定要真诚，语气要尽量和缓

拒绝总是令人不快的。"委婉"的目的也无非是为了减轻双方、特别是对方的心理负担，并非玩弄"技巧"来捉弄对方。特别是上级、师长拒绝下级、晚辈的要求，不能盛气凌人，要以同情的态度，关切的口吻讲述理由，使之心服。在结束交谈时，要热情握手，热情相送，表示歉意。一次成功的拒绝，也可能为将来的重新握手、更深层次的交际播下希望的种子。

当你想拒绝对方时，可以连连发出敬语，使对方产生"可能被拒绝"的预感，形成对方对于"不"的心理准备。

交流中拒绝对方，一定要讲究策略。婉转地拒绝，对方会心服口服；如果生硬地拒绝，对方则会产生不满，甚至怀恨、仇视你。所以，一定要让对方明白，你的拒绝是出于不得已，并且感到很抱歉，很遗憾。

4. 要顾及对方的自尊，给对方留台阶

人都是有自尊心的，一个人有求于别人时，往往都带着惴惴不安的心理，如果一开始就说"不行"，势必会伤害对方的自尊心，使对方不安的心理急剧加速，失去平衡，引起强烈的反感，从而产生不良后果。因此，不宜一开口就说"不行"，应该尊重对方的愿望，先说关心、同情的话，然后再讲清实际情况，说明无法接受要求的理由。由于先说了那些让人听了产生共鸣的话，对方才能相信你所陈述的情况是真实的，相信你的拒绝是出于无奈，因而是可以理解的。

当拒绝别人时，不但要考虑到对方可能产生的反应，还要注意准确恰当地措辞。比如你拒聘某人时，如果悉数罗列他的缺点，会十分伤害他的自尊心。不妨先肯定他的优点，然后再指出缺点，说明不得不这样处置的理由，对方也许能更容易接受，甚至感激你。

5. 要明确表明态度

有的人对于要拒绝或是接受，在态度上常表现得暧昧不明，虽然想表示拒绝，却又讲不出口。而造成对方一种期待。

听别人几句甜言蜜语，就轻易地承诺下来的举动，也是因为自己态度不明确所造成的。

五种肢体语言要当心

在与人面对面交流时，对方有时为了拒绝你，可能编个谎话来搪塞。当然，当时你并不知道他在说谎，除非谎言当场被揭穿。然而这种情况很少见，大多数人是在事后才知道，而在当时你是毫无防备的。也许说谎者惯于此道，让人信以为真，但是当对方出现以下动作或手势时你就要当心了。虽然这些肢体动作有时只是个人生活习惯而已，但是当它们出现时，你还是要留意观察，因为对方很可能刚才说了谎话。

1. 掩嘴

这是一种明显的孩子气的动作，用拇指触在面颊上，将手遮住嘴的部位称作掩嘴。也许说谎者大脑潜意识中是他想忍住那些骗人的话而导致了掩嘴这一动作。也有人假装咳嗽来掩饰其捂嘴的动作。如果一个同你谈话的人常伴有掩嘴的手势，说明他也许正在说谎话。可当他讲话时，听者掩着嘴，说明也许听者觉察到你在说谎者。

2. 揉眼睛

说谎者为了防止别人看出其虚假的表情，常用这种手势掩饰自己。说谎时，男人一般用力揉眼睛。如果说了大谎，他讲话时眼睛经常会不自然地向别处看，通常会向地板上看，女人说谎时通常轻揉眼睛稍下的部位。

3. 挠脖子

说谎者讲话时常用写字的那只手的食指挠耳垂下方部位。有趣的是这种手势通常会多次使用。

4. 摸鼻子

这种手势是老练、乔装的形式。摸鼻子手势包括在鼻子下方轻揉几下，或者很快地揉一下，甚至摸鼻子也摸得特别快，几乎不容易察觉到。

有一种关于摸鼻子手势产生的解释是，当相反的想法进入脑子时，潜意识就会指令手去掩嘴。然而在掩嘴的最后时刻，为了使动作不明显表示出来，手又不知不觉地离开面部，快速摸鼻子就这样形成了。

5. 搓耳朵

这种手势暗示着听者没有听出谎言。搓耳朵的变化形式还包括拉耳朵，这种手势是小孩子双手掩耳动作在成人动作中的一种重现。搓耳的说谎者还会用手拉耳垂或将整个耳朵朝前弯曲在耳孔上，后一种手势也是听厌烦了的标志。

在错综复杂的人际关系中，这几种小动作虽然不见得就是判定谎言的直接依据，但是起码能给你一种参考。另外，也可提醒你在沟通时，若撒了善意的谎言，一定要警惕这 5 种会泄露你机密的肢体语言。

第二章
办事如何手到擒来

　　社会有多复杂，人心有多复杂，办事就有多复杂。办事不是赤膊上阵的对抗，而是斗智斗勇的较量。掌握一些有效的沟通策略，能够提高我们的办事能力。

正确认识自己

在正式办事之前，先掂量掂量自己实际能力有多大。如果你想请人帮忙，得先掂量一下你自己有什么优势。

低配置运行不了高版本软件。若你的道德、学问、能力不能在成就你的事业上起重大作用，那么你就成就不了自己的事业。

1. 看清自己的位置

当我国试爆第一颗原子弹时，当时任外交部部长的陈毅说道："有了原子弹，我的腰就硬了，我这个外交部部长说的话也有分量了。"

每个人在社会上的角色不同，社会分工也不同，农民种地，工人做工，教师教书，不同角色承担着不同的工作任务。现代社会正处一个动荡的转型期，社会的分工也越来越细，这就对现代人的生存本领提出了更高的要求。人不仅要能够适应多变的社会角色，还应对自身的角色有一份清醒的认识。

人微言轻，权高位重。在现代社会上人与人之间的人格虽然是平等的，但是每个人在社会中所处的地位和身份却有不同，而身份不同，其办事能力也是不相同的。现实中，我们常见到这种现象，与亲戚交谈时，一般来说，辈分高的人出面要比辈分低的容易一些；在社会上交流，求有社会地位的人出面帮忙，就比地位不高的人出面顺畅。之所以形成这样的差异，就在于每个人在社会中的身份与地位的不同。

因此，无论是进行何种沟通，我们都必须认清自己的身份、地位，看自己的能力能办多大的事，能跟什么样的人交谈，采取什么样的方法和途径才合适。只有心里有了这个谱，沟通才会更有针对性、分寸感，自然地就会减少许多不必要的麻烦与障碍，就更容易达到办事目的。

依据自己的身份地位沟通，还有更重要的一点，那就是还应有较强的灵活性，依据自己身份地位的变化，随时调整自己的沟通思想与方法，特别是在日常沟通中以职位优势取胜的人，更应注意到这点。

有些当权者在位时，被其下属众星捧月，前簇后拥。而他一旦下台或退休，离开了权力，人生状况便一落千丈。所谓"人走茶凉"，便是地位跌落后世态炎凉的形象写照。原来在位时一句话就能够圆满办到的事情，现在说破了嘴皮子，也难以办周全了。这就是地位变化给办事能力所带来的变化。这时你才会明白，原来使你能顺利办事的并不是你的能力，而是你的权力。

社会地位发生变化，你的办事能力就会发生变化。明白了这一点，你就清楚了哪些事不该应付，哪些事该应付，应应付到什么程度，应采取什么样的方法。这样你的办事能力就会明显提高。

2. 回避不适应自己性格的事

性格是指人对现实中客观事物经常的稳定的态度，以及与之相应的习惯化的行为方式。比如说，有的人小心谨慎，有的人敢拼敢闯。小心谨慎与敢拼敢闯就是两种截然不同的习惯化了的行为方式。人们根据他们这些外显出来的习惯化特征来区别这两种人的性格差别。

性格成型之后，一般来讲是很难改变的，诚实的人为人处世都很诚实，他推想别人也都诚实；诡诈的人很多时候都诡诈，他也猜测别人诡诈。因此，诚实的人去行诡诈之事肯定会弄巧成拙，诡诈之人去行诚实这事，也可能会让人难以相信。

有人认为，性格可以随人生经历而改变，是可以在后天环境中磨炼出来的。但要看到，人的性格定型之后，具有很强的稳定性。

一夜之间判若两人的情况多属于短期行为，是因为受到较大刺激突变的结果；一段时间以后，固有性格又会重现，这是因为习惯化的行为方式的缘故。性格成型稳定后，既不容易改变，对人的行为也会产生极大的支配作用。逆来顺受惯了的人，如果不经历大的波折、大的痛苦，是很难迅速转变成为一个坚决果断、敢作敢当的人的。即使由于这样那样的历史机缘，这种人当上了某单位的领导，时间一长，他多半还是会下来的，因为多年来的逆来顺受，已使他对权力没有多大的欲望，而且他也习惯了受人支配（或自己动手）的行为方式。像金庸笔下的张无忌（《倚天屠龙记》的主人公），身上就带有这种特征。他的武功智慧是超一流的，但却没有强烈的权力欲望，学成盖世神功也纯属巧遇，当上了明教教主也是因为形势所迫，到头来，他终于携了双美佳人归隐山林快活去了。

明白了这一点，就要依据自己的性格去沟通，回避不适应自己性格的事，这样才能提高自己的办事成功率。

3. 考虑人缘因素

人缘对办事是否顺畅与成功的影响很大。人缘好的人，在社会上的形象就好，社会评价也高，因而与人交流时也容易得到理解、同情、支持、信任和帮助。所以，一个人的人缘的好与坏，直接反映着这个人在社会上办事的能力和水平。所以，我们在交谈过程中，自己的人缘因素一定要考虑。

办事之前，我们应在脑海中先回想一下自己的关系网，看看他在哪个阶层上，我们与他的交情有多深，他能为自己帮多大的忙。清楚了这些，我们对办事分寸就有了把握。

在一个单位中工作，自己能不能晋升，除了工作能力和敬业精神之外，自己的人缘也有着举足轻重的作用。人缘好，受到绝大多数群众的支持，就可能容易得到晋升的机会，容易开展工作。所以，在我们的个人发展计划中，一定要考虑到自己的人缘因素，根据群众关系的好坏程度决定自己实现哪一个目标。

生活中也是这样，谁家都会有一两件大事情，譬如，女儿婚嫁、买房装修，而有多少人会来给自己捧场、献贺礼、帮忙，则完全取决于自己的人缘。不考虑人缘因素而盲目地行动，一是过多的准备可能会给自己带来经济上的损失，二是准备得少，又可能使自己紧张忙乱。恰当地估计自己的人缘，依人缘进行周密的计划与行动，才能使事情办得圆满。

所以，办事之前，一定要考虑自己的人缘因素。

知彼才能百战不殆

先掂量掂量自己，谓"知己"；再琢磨琢磨对方，谓"知彼"。在办事过程中，只有知己知彼才能百战不殆。

1. 找到关键人物

我们在办事时要做到心里有数。你想办什么事，就要去托能够帮你办成的人。这个人对你想办的事起到关键的作用，如果是领导，是说一句话可以抵得别人说十句话的人。

对这种人，我们要多做一些准备和沟通工作，让他们感动，才能完成任务。相反，如果我们先去求他的手下，可是领导不批准，我们的事情还是无法做成功。

事情内部有主要矛盾和次要矛盾。主要矛盾在事物的发展过程中起决定作用，如同打蛇要打七寸。我们与人交流，只有找准人，说对话，事情才好办。如果"有病乱求医"，不管得什么病，见了医生就求，那病可能不但医不好，还会因耽误了时间更加恶化。

要知水深浅，你要问渔夫；要知山高低，你要问樵夫。医生和护士虽然都能为你治病，让你早日康复，但医生的作用是最关键的。

有时候，我们去一个陌生的地方办事，人生地不熟，不知谁是关键人物。于是，对每个人都恭恭敬敬，哈着腰说着好话，希望他们能成全自己。这种做法也没错，但是一般不会有多大的效果。

找到了关键人物，我们就要集中火力在他身上下功夫。我们要运用交际的技巧，围绕着他展开话题，说话可要小心。找准一个人，远胜求遍所有的人。

俗话说，办事不能脚踩两只船，就是说有的人在渡河时，为了保险起见，觉得乘一只船，万一翻了呢？不如乘两只。结果，两只船一分开，他就"扑通"一声落入水中。

2. 见什么人说什么话

对方的性格、文化程度、身份、地位的不同，你说话的语气、方式以及办事的方法也应各有所异。如果不明白这一点，对什么人都是一视同仁，则可能会被对方视为无大无小，无尊无贱，尤其是对方身份地位比自己高的人，会认为你没有教养，不懂规矩，因而他不喜欢听你的话，不愿帮你的忙，或者有意为难你，这样就可能影响了自己办事的效果，使所办之事一波三折。

宋朝知益州的张咏，听说寇准当上了宰相，对其部下说："寇准奇才，惜学术不足尔。"这句话一语中的。

张咏与寇准是多年的至交，他很想找个机会劝劝老朋友多读些书。因为身为宰相，关系到天下的兴衰，理应学问更多些。

恰巧时隔不久，寇准因事来到陕西，刚刚卸任的张咏也从成都来到这里。老友相会，格外高兴，寇准设宴款待。在郊外送别临分手时，寇准问张咏："何以教准？"张咏对此早有所虑，正想趁机劝寇公多读书。可是又一琢磨，寇准已是堂堂的宰相，居一人之下，万人之上，怎么好直截了当地说他没学问呢？张咏略微沉吟了一下，慢条斯理地说了一句："《霍光传》不可不读。"当时寇准弄不明白张咏这话是什么意思，可是老友不愿就此多说一句，言讫而别。

回到相府，寇准赶紧找出《汉光·霍光传》，他从头仔细阅读，当他读到"光不学无术，谏于大理"时，恍然大悟，自言自语地说："此张公谓我矣！"（这大概就是张咏要对我说的话啊！）是啊，当年霍光任过大司马、大将军要职，地位相当于宋朝的宰相，他辅佐汉朝立有大功，但是居功自傲，不好学习，不明事理。这与寇准有某些相似之处。因此寇准读了《霍光传》，很快明白了张咏的用意，感到从中受益匪浅。

寇准是北宋著名的政治家，为人刚毅正直，思维敏捷，张咏赞许他为当世"奇才"。所谓"学术不足"，是指寇准不太注重学习，知识面不宽，这就会极大地限制寇准才能的发挥，因此，张咏要劝寇准多读书加深学问的意思既客观又中肯。然而，说得太直，对于刚刚当上宰相的寇准来说，面子上不好看，而且传出去还影响其形象。

张咏知道寇准是个聪明人，给了一句"《霍光传》不可不读"的赠言让其自悟，何等婉转曲折，而"不学无术"这个连常人都难以接受的批评，通过教读《霍光传》的委婉方式，使当朝宰相也愉快地接受了。"借它书上言，传我心中事"，张公辞令，高雅至极！

聪明人都是懂得看对方的特点来办事的，这也是自己办事能力与个人修养的体现，平常我们所说的"某某人会来事"，很大程度上就体现在"见什么人说什么话"的才智上。这样的人不只当领导的器重他，做同事的也不讨厌他，这样的人办事的成功率当然要高。

3. 投其所好

人各有其情，各有其性。有的人喜欢听奉承话，给他戴上几顶"高帽"，他就会使出浑身力气成全你；有的人则不然，你一给他戴"高帽"，反而地引起他敏感性的警惕，以为你是不怀好意；有的人刚愎自用，你要用激将法，才能使他把事办好；有的人脾气暴躁，讨厌喋喋不休的长篇说教，跟他说话办事就不宜拐弯抹角。

所以，与人沟通一定要摸清这个人的性格，依据他的性格因人而异。

掌握对方的性格，是我们与其交流的最佳突破口。投其所好，便可与其产生共鸣，拉近距离；投其所恶，便可激怒他，使其所行按我们的意愿进行。无论跟什么样的人交流，我们都应首先摸透他的性格，依据其性格"对症下药"，就很容易将事情办成。

4. 揣摩对方心理

通过对方无意中显示出来的态度、姿态，了解他的心理，有时能捕捉到比语言表露得更真实、更微妙的内心想法。

例如，对方抱着胳膊，表示在思考问题；抱着头，表明一筹莫展；低头走路、步履沉重，说明他心灰气馁；昂首挺胸，高声交谈，是自信的流露；女性一言不发，揉搓手帕，说明她心中有话，却不知从何说起；真正自信而有实力的人，反而会探身谦恭地听取别人的讲话；抖动双腿常常是内心不安、苦思对策的举动，若是轻微颤动，就可能是心情悠闲的表现。

懂得心理学的人常常通过人体的各种细小的动作，揣摩对方的心理，达到自己办事目的。

心理学家研究表明，一般初次见面时目光转移视线者，被认为具有积极性格。根据某评论家所言，能否控制对方，即决定于最初的 30 秒钟。换句话说，两人眼睛对望，然后先把视线转开的人会获得控制权，因为你把眼睛转开了，对方就会担心你的想法，由于开始费心思，以后他会更注意你的视线，当然也就任由你摆布了。

许多有经验的人，常通过握手来看透对方微妙的心理动态。这一奥妙在于通过掌心的潮湿情形来判断。人类在遭遇到恐惧、惊讶的事情而发生感情变化时，自律神经会与自己的意识发生作用，造成呼吸混乱，以及血压升高与脉搏加速，或是汗腺的兴奋（神经式发汗）等，这是大家都知道的。我们看比赛时，比赛进程紧张时手掌心会捏把汗，也是由此而来。所以如果你和对方握手，获知对方手心出汗，即表示其人情绪高昂。

曾有个经验丰富的警察，提议在询问犯罪嫌疑人时找理由与他轻轻握手——开始问话前就先握一次手，以后在说到核心的问题时，再度轻握一下对方的手，这时，如果原本干燥的手掌冒出了很多汗，即可大致知道真相了。

交流之前，通过察言观色把握住对方的心理，理解他的微妙变化，有助于我们把握事态的进展程度。

5. 根据对方的具体情况来改变策略

有一天，你去找你的上司交流，请他出面帮助你办某件事。平常你的上司身体健康，精力充沛，在工作上也颇得心应手，单位内的人都认为他年富力强，很有前途，可是，忽然有一天，他显露出悲伤的脸色，很可能是家中发生了问题。

他虽不说出来，一直在努力地抑制，可总会自然而然地在脸上流露出苦恼的表情。对这位上司来说，这实在是件很尴尬的事，为了不让部下知道，表面极力装得若无其事。午餐后，他用呆滞的眼神望着窗外，此时，他那迷惑惘然的脸色，已失去了朝气。你对这种微妙的脸色和表情之变化，不能不予以注意。你应尽力分析、设想，找出领导苦恼的真正原因，并对他说："科长，家里都好吗？"以假装随意问安的话，来开启他的心灵。

"唉，我太太突然病倒了，我正头痛呢！"

"什么？你太太生病了！现在怎么样？"

"其实需要住院，医生让她在家中疗养。她生病后，我才感到诸多不便。"

"难怪呢！我觉得你的脸色不好，我还以为你有什么心事，原来是你太太生病了。"

"谢谢你的关心。"

他一面说着，脸上一面露着从未有过的感激的笑容，此刻可以知道你成功了。在人生最脆弱的时候去安慰他，这才是当部下的人应有的体谅和善意。上司由于悲伤，内心呈现出较脆弱的一面，我们更不应再去刺激他，而应当设法让他悲伤的心情逐渐淡化。上司的苦恼，在尚不为人知晓前，自己应主动设法了解，相信你的这份善意，上司会受感动的。自然，这以后，上司会想到你的请求，并心甘情愿地帮你办事。

视对方的情况办事，还有重要的一条是不能犯忌，如果犯了所求对象的忌讳，恐怕该成的事也难办成了。

周密策划，预则立

凡事预则立，不预则废。办事一定要周密策划，沉着应付。对方施硬，你就来软；对方转软，你要变硬；应该讲法时，对他讲法；应该说理时，和他说理；应该论情时，与他论情；应该谈利害时，向他谈利害。在办事过程中，周密策划是最强有力的武器。

1. 先礼后兵，不怕不从

交流的目的是为了达成有利的协议。因此交流前必须具有足够的力量作为后盾，才不会轻敌被擒，但也不可滥用兵力，倘若一开始就气势汹汹，对方会不甘认输而顿生斗志，即使后来终于完成交流，至少是多费了一番手脚。所以力量绝不是前锋，它只是后盾，非到不得已，不轻易使出王牌。这样，这些兵力在需要用时，将更能发挥其神威，使对方不得不从。

人际关系的运用是很重要的，这个观点在前文已经论及。总之，气氛尽可能融洽，对方必然愿意做适度的让步。莎士比亚说过"当人们满意时，就会付出高价"。所谓礼多人不怪，动之以情，往往能使交流圆满完成。

如果论情无效，则与之论理。只要你理直气壮，步步深入，对方就会因理屈词穷而折服。不过对方如果是个不明事理的人，你就该请出与他素有交情且为其所信服的人居中调停。倘若他再不买面子，只好诉诸实力的对阵。他一旦溃败下来，也无话可说了。例如美国某州在举办大学足球赛时，发现预售门票的情况很不理想，原因是当晚有一马戏团也要在当地表演，抢去了大部分的观众。于是负责交流的代表翻遍州法律，终于发现一条虽然通过但未实施的"防止动物传染壁虱强制洗涤法"。于是他满怀信心前往交流。他先以温和的态度要求对方延期表演，对方执意不肯。他就搬出王牌说："是吗？根据州法律，动物得先在水中冲刷干净了才能表演，你们的老虎和大象等，是否都如此处理了?"这一招逼得马戏团团长不得不让步。

再高大的树木也要向大风低头。只要本身拥有坚强的实力，又能以礼相待，绝对不怕对方不从。而且，由于是先"礼"后"兵"，亦无损于自己在人群中的地位，公共关系仍得以维系。

当对方已把导火线点燃，如果你再不起而应战，他还以为你懦弱无能可以欺负，就会得寸进尺，骑到你的头上去。所以，一旦有人将矛头指向你，向你宣战时，要有勇气据理力争，不必害怕正面冲突。因为你只是为保护自己的利益，不得不如此，并非好勇斗狠、惹是生非。所谓"兵来将挡，水来土掩"，乃人之常情也。

2. 顺应时势，见机行事

高尔夫球好手从来不会总是使用同一根球杆来打球，他们会按照不同场合，选择合适的球杆。同样的道理，办事也没有常规可言。不按常规出牌的奇袭战术，往往能出奇制胜，攻个对方措手不及。所以，何时该认真或冷淡、坦诚或神秘、开口反驳或保持静默、暂时让步或坚定立场、细心观察或按兵不动、给予或索取等等，都要能随机应变，把握得恰到好处。所谓讲情不通就说理，理说不通就谈法，法亦不行就论力。总之，无法吃到满汉全席时，便想办法吃海鲜；如果吃不到海鲜，至少也要得到一个改天再吃的承诺。因为即使只是一个承诺，也是对方的一种让步。

一个超音速飞机的驾驶员在飞行速度突破音障时，发现一切操作的装置都逆转过来，必须即时反向运作才能顺利飞行。如果将力量加诸与时势相反的一方，就会产生反效果，终致一场灾难。因此，办事过程中要随时注意风向，不坚持己见，随时检讨得失，修正战略，才能富有弹性。"随风转舵，见机行事"这八个字，就是使自己在交流中，争取到最高利益的诀窍，这种"没有原则，就是原则"的策略有时是办事的利器。

3. 侧面进攻，环环相扣

若想把一棵大树连根拔起，恐怕难度很大。但如果先将它的根一根一根去挖断，难度就小了很多。有时候，我们为一个问题交流时，对方坚定不移的不配合立场，有如盘根错节的一棵大树，这时我们千万不要气馁，我们可以运用迂回接近的战术，一步一步地从每一个小问题谈起，最终达到自己的愿望。

4. 委婉含蓄，诱"敌"深入

生活中，我们有时会听到有人这样评价一个人："他说话能噎死人！"这就说明说话太直接了容易使人一时难以接受，事倍功半。甚至有时我们的本意虽然是好的，但是由于说得太突然太直接了，而难以达到目的，误人误己。其实，咱们中国人对这方面还是挺注意的，比如说在我国传统的修辞方法中，就有一种"婉约"手法。求人办事说得委婉一点，含蓄一点，使对方自己领悟到那层意思，可以给双方更多地考虑空间，也容易让人接受。

央求不如婉求，劝导不如诱导。多数情况下，办事虽说是请人帮忙，却可以把它变成别人自觉自愿的行为。这样的求人，求得不露声色，浑然无迹。

美国《纽约日报》的总编辑雷特就是用这种方法求得一位贤才鼎力相助的。当时，雷特是格里莱办的《纽约论坛报》的总编辑，身边正缺少一位精明干练的助理。他的目光瞄准了那位年轻人——约翰·海，他需要约翰·海帮助自己成名，帮助自己成为这家大报的成功的出版家。但是当时约翰·海刚刚从西班牙首都马德里卸除外交官一职，正准备回到家乡伊利诺伊州从事律师业。雷特看准了约翰·海是把好手，可是他怎样才能使这位年轻有为的青年人抛弃自己的计划，而在他的报社里就职呢？

　　雷特于是先请他到联盟俱乐部去吃饭。饭后，他提议请约翰·海到报社里去玩玩。从许多电讯中间，他找到了一条重要消息。那时恰巧国外新闻的编辑不在，于是他对约翰·海说："请你先坐下来，能不能帮我为明天的报纸写一段关于这则消息的社论？"

　　约翰·海自然无法拒绝，于是提起笔来就做。社论写得很精彩，格里莱看后也倍加赞赏。于是雷特请他再帮忙顶缺一个星期，一个月，渐渐地干脆让他担任了这个职务。约翰·海就这样在不知不觉中放弃了回家乡做律师的计划，而留在纽约作新闻记者了。

　　雷特凭着一条策略，猎获了他物色好的人选。而约翰·海在试一试、帮朋友的动机下，毫无压力地、兴致很高地扭转了他人生航船的方向。事前，雷特一点也没有泄露出他的意思，他只是劝诱约翰·海帮他赶写一篇小社论，事情于是很圆满地实现了。

　　兵法三十六计中，有一计称为"诱敌深入"。既然是"诱"，就必须有一定的基础，就像钓鱼离不开诱饵一样，要引起对方对你的计划的热心参与，可以先诱导他们先尝试一下，可能的话，不妨使他们先从做一点容易的事入手。这些容易成功的事情，在他们看来，往往是一种令人兴奋的真正成功。他参与的欲望被调动起来，就是你掌握主动的时候了。

5. 知己知彼，循序渐进

　　"探"即试探。古代兵法有种说法叫"不打无准备之仗"。"探"的目的就是为了知彼，知道对方心里在想什么，再确定下面要说什么，要不要说。由浅入深，循序渐进，方能步步为营。此外用探寻的语气也显得比较礼貌一些。与其说："我在 10 点的时候去拜访你！"不如说："我能否在 10 点钟左右去拜访您一下，好吗？"或"明天 10 点钟您有空吗？我能不能在那个时间去拜访您一下？"这样，原意虽然没有改变，口气却温和多了，给人的感觉是由命令的语气变成了请求的语气。谁愿意万事受人指示呢？被人请求的感觉就好多了。语气的妙处真是无穷！

　　例如，李军想在他所在地的繁华地段开一家西餐店。他经过多方考察，发现在那个地段开西餐店商机无限。此时，该市的西餐业刚刚起步，机不可失，但他又苦于自己资金有限，精力有限。他有一位朋友从事餐饮业多年，资金雄厚又有经验，他便想邀那位朋友与自己合资办起这个西餐厅，可是那位朋友的事业正如日中天，不知他肯不肯分出资金和精力管理这家西餐店。于是在找他谈话的时候，李军并不急于把自己的想法告诉这位朋友，而是先尽数这块地段之好，然后再评近期西餐业之兴，而后才稍靠近正题，向朋友询问以他的经验认为在那个地段开一家西餐店如何。没想到两人不谋而合，都看中了这个商机。

　　李军自知火候已到，知道了朋友对这个感兴趣，接下来就引入正题谈自己想在那儿开一家西餐店，又苦于缺乏资金和经验，最后才提出合作一事。既然这位朋友也知道这是个赚钱的好机会，便很高兴地答应了。李军的目的也就达到了。

　　在采取这一策略时，我们要学会察言观色，趁热打铁说出所求之事，不然好火候一失，就很难再找了。

运用杠杆作用交流制胜

当人们遇到难以搬动的重物时，都会想到运用杠杆的原理，以较小的力量轻松地撬起数以倍计的庞然大物。

现代企业家们通过抵押贷款、融资等方式，以较少的资金、资产代价，获取更大的投资效益，这正是成功地利用了财务杠杆的作用。

同样的原理也可用于办事之中，如果你巧妙地运用你的长处，你所得到的利益会大得令你惊奇。

1. 掌握灵活应变的时机

丑陋的放高利贷者和商人女儿的故事，便是运用杠杆作用交流制胜的例子。

一位英国商人欠了一位放高利贷者一大笔钱，且因此生意萧条，这位可怜人发现自己无法还清他的借贷。这意味着他将破产，而且他将长期孤独地被关在地方债务人监狱。然而，高利贷者提供了另一解决方法。高利贷者建议，如果这个商人愿意把他漂亮的年轻女儿嫁给他，他就一笔勾销债务，以作交换。

这个放高利贷者既老又丑，而且声名狼藉。商人以及女儿对这建议都很吃惊。不过放高利贷者十分狡猾，他建议唯一公平解决途径是让命运做决定。他提出了以下的建议。在一个空袋子里摆入两颗鹅卵石，一颗是白的，一颗是黑的。商人的女儿必须伸手入袋取一鹅卵石。如果她选中黑鹅卵石的话，就必须嫁给他，而债就算还清了；如果她选中白鹅卵石，她可以和父亲在一起，不需嫁给他而且债务也算还清了。但是，假如她不愿意选一颗鹅卵石的话，那么就没什么可谈的了，她的父亲必须关在债务人监狱。

商人和他的女儿，不得已只好同意。放高利贷者弯下身拾取两颗鹅卵石，放入空袋。商人的女儿用眼角的余光看到这个狡猾的老头选了两颗黑鹅卵石，她明白自己的命运已经判定了。

她不得不同意，似乎没有条件可言。的确，放高利贷者的行为极不道德，但是假如她当场揭穿他的伎俩，采取强硬立场，那么他的父亲必进监牢。如果她不揭穿他，而选了一颗鹅卵石的话，她必须嫁给这位丑陋的放高利贷者。

故事中的女孩子不但人美，也很聪明，她了解自己，也了解她的对手。她知道她的对手是一位不择手段的奸诈之徒，也知道最终解决之道必须让自己扮演甜美可爱、天真烂漫的少女角色来迷惑对方。

制定对策之后，她把手伸入袋子取一鹅卵石，不过在将要判定颜色之前，她假装笨拙地取出石头，然后失手将鹅卵石掉到了路上，与路上其他的鹅卵石混在一起而无法辨别。"哦！糟糕"，女孩惊呼，继而说道："我怎么这么不小心。不过没有关系，先生，我们只要看看在你袋子里所留下的鹅卵石是什么颜色，便可知道我刚才所选的鹅卵石颜色了。"

最后，故事中的女孩成功了，因为她在知道游戏规则对她十分不利之后，能毫不畏惧地妙用游戏规则，把劣势变为优势。

要成为办事高手的一个重要途径，是运用自己的个性和自我的长处，避开自己的弱点。客观地自我评估是成功运用杠杆作用的关键。而自我评估的关键是流行于中世纪哲学家的一句警语："拥有好的人生。如何在不利、无奈的情况下尽力求得好结果，是件值得嘉许的好事。"

美国一位名叫葛林·特纳的人创立的推销术曾震惊了整个商业界。他运用他所发展的销售技巧教导其他的推销员扬长避短，相信自我，激发他们赚大钱的抱负。

特纳先生刚开始是一位挨户上门推销缝纫机的销售员。他有一项严重的障碍——即生有很明显的兔唇。很快地他便利用这个障碍，使其成为他的销售噱头的一部分。他对他的顾客说道："我注意到你在看我的兔唇，女士。哈！这只是我今早特别装上的东西，目的是让你这样漂亮的女士会注意到我。"特纳先生是位很成功的推销员。虽然他的货品不断改变，可是他的推销方法不变。他同时推销、贩卖自己和各种货品——兔唇和任何产品。

发挥个人之长处的另一部分是好钢要用在刀刃上，要使你的努力用到最终解决问题的关键之处，不要把努力浪费在无效的开始行动上。在交流时要精确选择有用资料，去除无用资料。办事过程就是沟通过程，堆积不相干、误导的因素，只会混淆主要问题而已，毫无益处。

2. 学会借力使力

柔道策略是一种办事技巧，也是杠杆原理的运用。它是运用你对手的力量来为己谋利。也就是说，面对强大的对手要获得自己所想要的结果时，不要与他硬碰硬。要像老练的斗牛士，诱使牛往你的方向冲来，不过在双方即将撞击的一刻，巧妙地闪到一边，让你的对手无法战胜你。

如果你与咆哮、谩骂、具攻击性的对手进行交流时，最简单的方法是运用柔道策略。这些人不管是什么原因，总是想要跟人决一雌雄。他们的谈话充满攻击性，过于坚持自己的看法，惹人不快。

对付这种人最不明智的做法便是和他一样用攻击性的策略。这种处理方法的结果是导致你情绪不快、血压升高，或者更糟。处理此种情况的最好方法是运用你对手的力量对待他自己。不要气恼，只要平心静气地告诉他："秦先生，我向你保证，我来这里是做生意，不是来跟你决一胜负。我想我有一些重要的事要做。我知道你也有很多生意要做。我们为什么不先达成协议，然后，如果你愿意的话，再决一胜负不迟。"

由于你的忍辱负重，你会让具攻击性的对手去除敌意。如果他诚心交流的话，就能平心静气地谈生意。不过，许多人相信制胜之道是采取强悍姿态使敌人畏惧。事实上攻占性行为可能只是装出来的。不过不管怎样，你的处理方法是先站稳自己立场，表现出坚定的自信心来。

3. 运用杠杆原理的底线

运用杠杆原理使自己占优势是一项强而有力的办事技巧，就像任何强大的工具一样，必须小心使用。如果你运用杠杆作用为自己取得有利位置时，千万不要滥用你的优势。相反的，你必须在适宜的气氛下实现目标，怀着友善态度达成协议，将有利于调节对手和你的态度，去进行交流。

还有另一个要注意的事。虽然每一件事都可交流，但是并不是每一次交流必有最后的解决。逼人太甚，可能会激起对方反击，记住凡事不可做得太过分。

瞄准对方弱点，一招制胜

已故的美国前总统肯尼迪在前往维也纳和苏联领导赫鲁晓夫进行高峰会谈之前，收集了对方所有的演说辞、发表过的一切谈话，甚至对方的餐饮习惯和喜爱的音乐，也在他希望了解的范围，目的是他要了解赫鲁晓夫是如何思考和处理事情的，以便会谈时能够直攻要害、一举制胜。后来，事实证明，他这种掌握对方心理的策略是十分成功的。

当我们要和他人进行交流时，也应该留心对方的弱点，再针对要害做重点式的攻击，使对方无力招架。因此，了解对手的个性是非常重要的，如果对方是一个好大喜功的人，你就多奉承、褒奖他，使之飘飘然，再相机提出要求；如果对方是一个优柔寡断、多愁善感的人，可以低姿态，使他产生怜悯之心，对你的要求断然无法拒绝；如果他是个轻诺寡信之人，就得运用速战速决的战略，一旦谈妥，立即写成书面文件，双方签字。即使事后对方觉得不妥，也无法反悔；而如果对方是一个喜欢贪小便宜的人，就让他在无关紧要之处多尝一点甜头，而在重要的关头坚守原则，不做任何让步，并反过来占他一个大便宜……办事的手段是应该这样灵活多变、因人而异的。

除了人性的弱点之外，其他的机会也是可以利用的，例如当买方得知卖方因投资过大，一时周转发生困难，急于将货物脱手以求现，这时在价格上，就可以谈出一个相当的折扣；另外，你也可以夸大对方商品本身的缺点，使卖主感到气馁，丧失原有的自信心，怀疑货品真的是瑕疵百出，只好以较低的金额成交。

总之，交流绝不能含糊其事，虽然要完成预期目标，可能会使双方都有一些轻微的"出血"，但适者生存，唯有抢先一步采取行动，才有胜算可言。不过，在态度上要婉转温和，不可盛气凌人，凡事给人留得余地，因为强弱势是相对的，并不是绝对的，就像人一样，弱者有时也会随着时间的流逝而发生转变，表现出惊人的力量来，所谓"风水轮流转"就是这个道理。所以在交流时应灵活处理，如果情况形成一面倒的局面，占优势的一方最好给对方留有余地，因为除非输方也有一些好处，否则他为了生存，很可能会不择手段，全力反扑，以拼命的方式攻击胜利者，俗话说的"狗急跳墙""穷寇莫追"就是这个道理。因此，利用对方弱点来交流，在技巧的运用上，要能不露痕迹，才能毕其功于一役。

有时，交流的双方可能是熟识的亲友，彼此之间存有情感的成分，所以，在交流中感情和理智有时是分不开的，要是一味地讲求效率，不顾人情，可能会变成众叛亲离，反而坏了交流的预定目标，形成表面获胜、实质失败的情况。如能略施小惠、兼顾情理、顺水推舟，不强行说服对方，而是与对方分享利益，使竞争合作保持良好的平衡关系，这种"怀柔"的方式，有时候反而是更显出你智慧的表现。

必要的时候，不反对对方的意见，并适度向对方让步，承认自己的缺点，感谢对方的指正，表明妥善处理的决心，也能达到最终目的。

中国台湾有一家公司决定在美国德州投资建厂，他们发现德州工人的工资很高而且相当难侍候，于是决定从台湾招募工人。工厂建好后，德州工会出面抗议，公司方面出面交流的人一边道歉，说明他们根本不知道有这种规定，并保证下次一定雇用当地的工人。结果工会的代表满意而去，而厂方也终于省下了一笔为数不小的工资。

如果交流的对手是个热心、有智慧、有理性、经验丰富且消息灵通的人，此种疏导情感的怀柔手段，必能满足双方最低的欲求，形成皆大欢喜的双赢局面；倘若对方不通情理、不可理喻，那么怀柔手段就不一定能奏效了，大可直接提出最终条件，不必浪费精力，希望对方能改变立场。例如对方贪得无厌、得寸进尺时，就不必再和他继续纠缠，可直接告诉他，你的权限只能让步到此，要是对方仍不满意，这件事也只好到此为止，如果对方真想成交，就不会要求你再做任何退让。

假如对方施展拖延战术时，则不妨告诉他，只有现在做成决定才能算数，否则你无法给他任何保证，不论这种论调是虚张声势或真有其事，至少可让对方知道你有坚定的立场，而且这种"铁定最后一天"式的最后通牒，常能迫使对手不得不采取行动，决定是否接受你的威胁。反过来说，如果握有商品的是对方，你也不能直接说出你心目中的价格，必须先以低价起头，再稍稍提高些说，"好吧，让我们彼此各让一步!"这种以不购买为威胁的方式，往往也很具神效。

至于低姿势和高姿态，何者较优，要视问题与对象而定，只要怀柔时不至卑屈，威胁时不留余怨，则会各具神妙；如有必要，还可融合二者，软硬兼施。比如交流之初，先由一人扮演黑脸，采强硬立场，做狮子大开口的要求，最后再由一位很少开口的好好先生，充当白脸，缓和剑拔弩张的紧张场面，提出和前者相比之下，算是合理的条件，使人以为，事情如果不这样是会更糟糕的，所以虽只削减一点，但对方已很满意于自己的成就，因而交流也能顺利完成。

保持理性，扭转局势

当事情几乎陷入绝境，而无法挽回的时候，你不妨用一句话来安慰和支持自己，这句话就是："竭尽全力，无怨无悔。"

也就是说，只要尽己之心，全力以赴，结果是否成功并不重要——就让命运之神去做安排吧！

1. 保持信心，精诚所至

罗先生现在是某贸易公司负责人，但是前些年，他并不是很走运。然而，罗先生正是在"竭心全力，无怨无悔"的信念支持下，成就了许多看似不可能的事。

他原是一家杂志社的记者，因该社经营不善倒闭，他便成为一名自由撰稿人。后来，他又到了某广告公司从事编辑工作；不多久，又下海一家规模颇大的贸易公司，成为人力资源部的职员。而后因为颇具才干，很得领导的赏识，便晋升为业务部经理，此后，凭着自己的努力，罗先生成了一位优秀的专业贸易人员。

但是，多才多艺的罗先生对他先前的采访、撰稿工作一直十分留恋。有一段时间他一连好几天守候在一个摄影棚里，目的只为和某影星接近，好收集一些有关明星专辑的稿件资料。

偏偏很不巧，就在罗先生准备出版某专辑的同时，该影星所属的某电影公司也想出版一本纪念特刊，里头将安插一篇有关他的专访报道。于是，某影星开始对罗先生采取拒绝的态度。

接连下了好几天雨。该影星的态度仍然坚决，罗先生忽然灵机一动，心想"或许就只有这个办法，可以打动对方的心思了"。因此，他决定冒着大雨，到该影星的摄影棚前，执着地候在他经过的道路上等着。

终于，这位影星被他的诚意感动了，改变了自己的态度，答应接受他的访问，并提供专辑的资料。

罗先生认为该影星之所以能够回心转意，主要是自己具有这样的信念：精诚所至，金石为开。打这以后，他就抱着这种信念处理任何事情，结果无论业余爱好，还是销售业务都能创下良好的成绩。

"化不可能之事为可能"，这是你身处劣势时应持有的信心。

2. 及早补救

在办事时选择适当时机非常重要。如果无法找到适当时机，或者找到时机却不知利用，那么，办事会事倍功半。也就是说，你非但要能把握时机，还要积极将其化作行动，如此才有成功的希望。

某电影公司曾发生过这样一件事：那是在某摄制组出外景时发生的，当天的拍摄地点是一个风景优美的山区小村。外景队提早两天到达拍摄电影的现场，公司特地请了某体校的武术队一起前来此处，拍摄有关这部电影的一些精彩的武打镜头。

在前一段武打动作片十分热门时，每一家电影公司都希望能请到武打技术精湛而片酬又不太高的武术队，体校的孩子们无疑很适合，况且当时体校比赛训练任务很重，如果组织不好这次武打动作的现场拍摄，以后将无法补后。但是，不该发生的事情还是发生了。就在当天晚上，大伙儿还未进餐之时，外景队队长对大家公布了一项决定："今晚，协助这次外景拍摄的东道主要招待我们的主要演员吃饭。为了让他们能早点回来，以免耽误了拍摄的进度，我决定请体校老师和我一起陪同前往。至于其他的人就在此地用餐吧！"

于是，外景队队长就和老师、主要演员一起去赴宴了。然而时间已过几个钟头，一直不见他们回来。留在宿舍里的其他演员和武术队的孩子们，就开始发牢骚了："让我们跋山涉水，走了这么远的路来到这儿。这倒好！他们就知道去大吃大喝，把我们冷落在一旁！"

　　就在大伙怨声载道、牢骚满腹的时候，他们才酒足饭饱地回来了。抱怨之声仍然此起彼伏，甚至有怒气高涨的情势，因此激怒了外景队队长，他非常生气地喝叫一声："有完没完！讨厌死了，不想拍的人就回去好了！"

　　武术队的孩子们被他这么一骂，大伙全都感情用事起来，最后一致决定："回去，我们不拍了！"

　　其实，这不过是一个小小的误会，却因处理不当，造成了一个更大的错误，最后，竟形成了不可挽救的局面。这种情形，在生意场上也经常会发生。

　　以上述事件来说，检讨起来，一开始就应该好好安排、组织，找个摄制组的其他负责人，留下来陪陪这些远来的客人。但是，外景队队长没有这样做，这是第一个错误。既然说好了，吃过饭后，就要早点回来，结果超出了预定时间影响了当晚的夜景拍摄，理应真心诚意地向大家道歉了事。外景队队长非但不知理亏，还大吼大叫，对孩子们发脾气，把事情给整个弄糟了，此为第二个严重错误。

　　就因为这样，事情才发展至不可收拾的局面。所以，在发现自己错误时，你一定要勇于认错，不可一味地执拗、意气用事；若能及早把握时机，向对方坦诚道歉，相信必可大事化小，小事化了。

3. 做最坏的打算，全力以赴

　　有些人往往还未去办事之前，就认为"这事不可能吧"，"别人不肯答应吧"，诸如此类消极的想法，殊不知正是这想法妨碍了自己。

　　拿破仑曾说："我的字典里没有'不可能'这个词。"同样，你的字典里也要丢掉"不可能"这几个字。其实，人是很能适应环境的一种高级动物：只要肯尝试，没有一件事是绝对"不可能"的。

你是否曾无意识中，经常使用许多否定的语句？如"不可能""不行""没办法"……之类，或者在你的家人、同事之间，也有人时常采用这种说法？而凡是说"做做看""说说看""我赞成""一定能够成功""有兴趣"……这类字眼儿的人，常常是能勇往直前、积极行动的人。

如果总在办事前设置一些否定词，必将会大大降低了办事成功的可能性。

虽然只是用语不同而已，但是在你内心深处，对于所做之事的看法，已经无形中受到了影响。

必须要下定决心，在日常生活的言谈之中，尽量少说否定的字眼儿；而且，还要进一步以肯定的字眼儿来代替。若能做到这点，你自然就会具备积极行动的姿态，会大大地增加对别人的说服力。例如："卡里就只剩1000块钱了。"就应该改为："卡里还有1000块呢！"

一个人如果对成功的可能性感到怀疑，不妨先降低目标，做最坏的打算，这样就会缓冲失败时对你的打击。这是一种在不愉快状况下，保护自己面子的防卫措施。这种心理措施在日常生活中比比皆是。

例如在约会时，在等候之余往往有怀疑"他（她）是否会来"的心理准备，如此即使不能尽意，也不至于感到面子上难堪。倘若对对方赴约坚信不疑，而一旦预见落空，就会因面子上挂不住而大光其火，或心灰意冷，感叹"流水落花人归去"，甚至会不欢而散，分手各归。

《格利佛游记》有一句名言："不抱任何希望的人最有福气，因为他永远不会失望。"尽管这句名言可能含有讽喻之意，但反映了常见的心理现象，和前面所说的降低目标意义相同。我们常说的"向最好处努力，往最坏处打算"也是这个意思。

　　期望值越高，失望也就越大。犹如对待名胜古迹，高兴地慕名而去，结果一看不过如此，往往失望而归，所谓看景不如听景，说的就是这个意思。而在山坡峡谷，林间溪边，信步所至，随意漫游，所见一花、一木、一泉、一石，倒常常会为之惊喜，为之流连，并因之而获得意外的欢愉。两种不同心态，效果却有天壤之别。

受得了冷遇，扛得住拒绝

找人办事时受到冷遇很常见。对此，不同的人有不同的反应，或拂袖而去，或纠缠不休，或怀恨在心。这样的反应其实是不利于办事的，甚至有时会因小失大，影响办事效果。因此，了解受到冷遇的具体情况，而作不同的反应，是十分必要的。

若按遭冷遇的成因而分，无非以下三种情况：

一是自感性冷遇，即估计过高，对方未能使自己满意而感到的冷落；二是无意性冷遇，即对方考虑不同，顾此失彼，使人受冷落；三是蓄意性冷遇，即对方存心慢怠，使人难堪。

当你被冷落时，要区别情况，弄清原因，再采取适当的对策。

对于自感性冷遇，自己应反躬自省，实事求是地看待彼此关系，避免怀疑人和嫉恨人。

常常有这种情况，在准备办事之前，自以为对方会以热情接待，可是到现场却发觉，对方并没有这样做，而是很冷淡。这时，心理就容易产生一种失落感。

其实，这种冷遇是对彼此关系估计过高，抱太大希望而形成的。这种冷遇是"假"冷遇，非"真"冷遇。如遇到这种情况，应重新审视自己的期望值，使之适应彼此关系的客观水平。这样就会使自己的心理恢复平静，心安理得，除去不必要的烦恼。

吴君到多年不见面的一个老同学家去拜访，想顺便请求老同学给他帮点小忙。这位老同学如今已是商界的实力人物，每天造访他的人很多，感到很疲劳，大有应接不暇之感。因此，这天对吴君的拜访，招待之时略显怠慢。

吴君本来心想会受到老同学的热情款待，不料遇到的是他不冷不热的态度，心里顿时有一种被轻慢的感觉，认为此人太不够朋友，小坐片刻便借故离去。他愤愤然，决心再不与之交往。后来才从其他人那里了解到，这是老同学应酬太多。于是他改变了想法，并采取主动姿态与之交往，老同学虽然仍是如往常般款待他，但还真为他办了不少实事。

对于无意的冷遇，应理解和宽恕。在社交场上，有时人多，主人难免照应不周，特别是各类、各层次人员同席时，出现顾此失彼的情形是常见的。这时，照顾不到的人就会产生被冷落的感觉。

当你遇到这种情况，千万不要责怪对方，更不应拂袖而去，而应设身处地为对方着想，给予充分理解和体谅。

比如，有位司机开车送人去做客，主人热情地把坐车的迎进，却把司机给忘了。开始司机有些生气，继而一想，在这样闹哄哄的场合下，主人疏忽是难免的，并不是有意看低自己，冷落自己。这样一想气也就消了，他悄悄地把车开到街上吃了饭。

等主人突然想起司机时，他已经吃了饭，并又把车停在门外了。主人感到过意不去，一再检讨。见状，司机连说自己不习惯大场合，且胃口不好，不能喝酒。这种大度和为主人着想的体谅使主人很感动。事后，主人又专门请司机来家做客，从此两人关系不但没受影响，反而更密切了。

这种主动谅解的态度引起的震撼，会比责备强烈得多，同时还能感召对方改变态度，用实际行动纠正过失，使彼此关系得到发展。

对于蓄意性冷遇，也要具体情况具体分析，给予恰当处理。一般来说，当众给来宾冷遇是一种不礼貌行为，而有意给人冷落那就是思想意识问题了。在这种情况下，予以必要的回击，既是维护自尊的需要，也是刺激对方、批判错误的正当行为。当然，回击并不一定非得是面对面地对骂不可。理智的回敬是最理想的方法。

有这样一个例子：一天，国外某喜剧演员穿着旧衣服去参加宴会。他走进门后，没人理睬他，更没人给他安排座位。于是，他回到家里，把最好的衣服穿起来，又来到宴会上。主人马上走过来迎接他，安排了一个好位子为他摆了最好的菜。

喜剧演员把他的外套脱下来，放在餐桌上说："外衣，吃吧。"

主人感到奇怪，问："你这是为什么？"

喜剧演员答道："我在招待我的外衣吃东西。你们的这酒和菜，不是给衣服吃的吗？"

主人脸刷的红了。喜剧演员巧妙地把窘迫还给了冷落他的主人。

还有一种方式，就是对有意冷落自己的行为持满不在乎的态度，以此自我解脱。有时候，对方冷落你是为了激怒你，使你远离他，而远离又不是你的意愿和选择。这时，聪明的人会采取不在意的态度，毫不在乎地面对冷落，我行我素，以有礼对无礼，从而使对方改变态度。

此外，办事时被人拒绝是常事。一时的拒绝并不等于从此无望，如果你能正确分析对方拒绝的心理原因，根据实际情况采取不同的处理方法，就有可能使你的请求出现新的转机。退一步来说，不能立即使对方改变态度，也能给对方留下良好的心理印象，为以后的交流打下一定的基础。

从心理上分析，人家拒绝你，是有不同类型的，现将主要类型和对策列举于下：

1. 一般拒绝

这是指对方虽然当时拒绝你，但那不是经过深思熟虑后做出的决定。他们对你有一些想帮忙的愿望，但由于对你缺乏了解，尚未建立对你的良好印象，因此，疑虑重重，陷入了一个想帮又不想帮的矛盾心理状态。为尽快解脱这种矛盾的心理，对方有时就会表示暂时不帮忙。

这样的决定随意性大，改变也较容易。有效的办法是多接近他们，很自然地展现自己的"真实面目"，让对方充分和全面了解你，对方的疑虑消除了，求人也就成功了。

2. 执意的拒绝

这是指对方在拒绝前，对你有比较深入具体的了解，经过分析、对比、反复权衡利弊后做出的选择。这样的选择或是因为人家认为帮你忙不值得；或是因为你的个性、品质使对方大失所望；或是由于对方的某种固执的偏见。

要改变执意拒绝者的态度，一般情况下是不可能的。因而也不必白费力气。假如你确认对方是由于固执的偏见而拒绝答应你时，则可以用真诚的行动去感动对方，使之改变偏见。不过这需要较长的时间。

3. 隐蔽的拒绝

这是指对方拒绝你的请求是出于某种心理需要，不愿把真正的原因说出来，而用某些不真实的理由搪塞你。对方不愿说出真实心理的理由，其情况是复杂的，大致有如下几种：

一是你提出的要求太高，对方无法满足，但又羞于说出本人能力的不足。二是对方对你不放心，对你拿不准，但又不好意思说出来。三是是否对你"特殊关照"，其他决策人意见不一致，觉得没必要把"内政"告诉你。

对于这种交流对象，要尽可能弄清其拒绝的真正原因，然后再采取相应的求助方法，或解释说服，或降低自己的某些要求，或等待时机。

要分辨拒绝是属于哪种类型并不容易，需要有较强的察言观色、听话听音的能力，以及较准确的判断能力，而这些能力又需要丰富的社会交往锻炼才能获得。

不要被情绪支配

一天深夜，值勤的民警小罗接到一个报警电话。打电话的人自称他从夜总会出来后，发觉自己车里的方向盘、制动器、加速器等等都让小偷给卸去了。小罗立刻表示将尽快前往出事地点。

就在他开动巡逻车准备出发的瞬间，电话铃又响了起来，小罗只好下车再拿起电话筒。

打电话的仍是刚才那位报警的人："实在对不起，民警同志，您用不着来了。我喝多了，刚才一阵冷风吹来，我才发现自己原来是坐在车内的第二排座位上。"

这虽然是一个笑话，但是，我们不难从中悟出这样一个道理，在日常生活的为人处世中，千万不能轻易下结论。

办事是人与人之间的接触行为，常常会被感情所支配。当双方有了小摩擦时，往往会感情用事，而无法冷静思考，以至闹得很不愉快。还有一点值得注意的是，在某种不稳定的情况下，双方都会变得多疑而敏感，甚至做出意气之争。因此在办事时，一定要考虑到双方的生理与心理状况，在情绪完全稳定、状态良好的情况下，才可进行交流。

办事时可能并没有预想的那般顺利，常有横生的枝节从中阻碍，使得你的心情越加沉重。对于这一点，你应该视作"家常便饭"，学习逆来顺受。可能的话，你可以找一个倾诉的对象，将满腹的牢骚说出来，经过一番宣泄之后，心头定会轻松舒服一些。这样，心理的压力自然减轻，而你也会较冷静、理智地思考他人的观点，并检讨、修正自己的行为。

有一位爱喝酒的朋友，他经常光顾一家小酒吧，每当他来到这家酒吧推开玻璃门时，就要提高声调的说上这么一句："你们这里好肮脏啊！可为什么每次都有这么多人来啊！"

不管这家酒吧是否高朋满座，这位朋友进门时，一定要说这句话。尔后，他每在喝酒席间就把内心不痛快的事情，一桩桩说给里头的小姐听，待发泄完了，整个人就自然会平静下来。

每次看到这位朋友在这家小酒吧进出，我心里就会想：原来这个小酒吧，正是他缓和精神压力、解除心理负担的最佳场所。

为了预防或者消除精神负担，自己总要有一个能够"出气"的地方才行。尤其是经商场合中，更有这种需要。还有一位朋友，他总是选择海边来出气以化解烦闷。他说，他只要在海边坐上半天，看看海潮的起落，就能把心中的忧虑抛至九霄云外。这正说明了，每个人都有他解除自我心理负担的方法。

一个经商的生意人，老是背着沉重的精神负担，这是很不好的，不论对心理卫生或身体健康都有不良影响。因为心理上的负担，往往会引起精神障碍。然而在接洽业务的范围内，要求没有心理负担，几乎是不可能的。

假如你发现了这种情况还放任不管的话，那就有害身心健康了，这在业务交流中是得不偿失的。你必须随时注意自己的心理健康状况，不论在什么情形下，都要保持良好的心理健康状况，以积极的思考，来摆脱不必要的精神负担。

1. 打开局面需要耐心

不少人都会为某些原因对自己的公司不满，而心生辞职不干的念头。有些人，心里时时刻刻都这么想着，因此每逢遇到在办公室中发生了不愉快时，厌恶感就更为加重，而负气地说："这样的公司，干脆辞职算了！"

然而，这种事情实在是不宜妄下结论的。尤其是当你工作上出现过错，或者只是喝醉了酒，而与公司发生冲突时，更应该防止让这种不如意的情绪蔓延、扩大，而应该冷静下来适时改变自己的观念，学会将事情分成几个层面，以各种不同的角度来看。

有时候你会发现，当你很奇妙地睡了一觉，第二天清早醒来，竟把昨日自寻烦恼的心事完全抛开了，而且情绪也已平静下来了。这是因为，你已经能用很冷静客观的态度来应付一些问题了。

办事也是如此。在交流中遇到困难时，你绝不要轻率地放弃；反而要这样鼓励自己："事情终会有转机的"。

一个销售汽车的朋友，讲了这么一个故事：

在他推销汽车时，跟一位中小企业的老板谈到有关汽车的性能，无论他怎么宣传自己公司的汽车好，这位老板，总是固执地认为：只有现在他自己用的汽车才是最好的。

终于，这位老板略带不耐烦的口吻说：

"你努力推销的精神，我很欣赏，也很佩服，只是，目前我的公司还不想改用别的牌子的汽车。所以，我想你这次是白来一趟了，以后也不必再麻烦了。"

尽管如此，推销员并不灰心，仍然继续热心耐心地向这家公司推销。他心里抱着一种信念：凡是懂车（会玩车）的人，绝对不可能不欣赏我们公司的汽车。

果然不出所料，六个月后，局面完全改观。由于这位老板扩大业务规模，想要再买新车，而每次为了买进新车，都要和他所去的其他的汽车公司发生一些争执、纠纷，他感到非常不开心甚至开始心生厌恶，因此，自然想到了半年前那位态度热情的推销员。而这正给予推销员一次机会，顺利地做成了这笔生意。

这世间上许多事情都不是绝对的，而是相对的，因为人的"价值观"是会随时随地而变动的。一件看似极困难的事情，如果你能够耐心坚持成功的信念，那么你继续努力下去，必能得到应有的回报。正应了人们常说的一句话："机会永远属于具有顽强的意志和有坚定信念的人。"

2. 从不同角度多方思考

美国作家马里杰·斯比勒·尼格曾讲过这样一个故事：

有一回，一位老人对我讲："我年轻时自以为了不起。那时我正打算写本书，为了在书中加进点地方色彩，就利用假期出去采访。我要在那些穷途潦倒、懒懒散散混日子的人们当中找一个主人公，我相信在那儿可以找到这种人。一点不差，有一天，我找到了这么个地方，那儿到处都是荒凉破落的村庄、衣衫褴褛的男人和面色憔悴的女人。我忽然发现，我想象中的那种懒惰混日子的滋味也找到了。只见一个满脸胡须的老人，穿着一件褐色的工作服，坐在一把椅子上为一块马铃薯地锄草，在他的身后是一间没有油漆的小木棚。我转身回家，恨不得立刻就坐在打字机前。而当我绕过木棚在泥泞的路上拐弯时，又从另一个角度朝老人望了一眼，这时我下意识地突然停住了脚步。原来，从这一边看过去，我发现老人的椅边靠着一副残疾人的拐杖，有一条裤腿空荡荡的垂在地面上。顿时，我对自己的所谓'灵感'感到羞愧万分，那位刚才我还认为是好吃懒做混日子的人物，一下变成为一个百折不挠的英雄形象了。"

尼格说："从那以后，我再也不敢对一个只见过一面或聊上几句的人，就轻易下判断和做结论了。感谢上帝让我回头又看了一眼。"

同样，在办事过程中，当你想要求对方妥协时，对方仍坚持不表示同意，那么交流往往不是濒临破裂就是遭到重新调整的命运。一旦到了这种地步，若能像尼格一样"回头又看了一眼"，从不同的角度思考，也许你会发现，许多自己过去一直不曾留意的地方，竟是可以扭转办事局面的关键所在。

常常会有这样的情形：一桩生意的有关价格、付款条件、服务内容等方面，大致都已谈妥，彼此达成意向了，而对方却迟迟不肯签约。

　　这种情形，真是非常难以处理，究竟是什么原因从中作梗呢？由于没有线索可查，事情拖延已久，仍然悬而未决。也许就在你的心情苦闷的时候，一个意外传来的消息，顿时解开了你心头的疑问。

　　原来，与你交流的对手是因为和他的领导闹别扭，所以才迟迟不愿签下合约。像这种别人公司的"内务事"，旁人实在是很难了解的。因此，遇到这种情况，你除了要从侧面加以打听之外，还需要耐心地思考解决的方法。可能的话，直接和对方的领导去交流，但千万别撞在"枪口"上。

　　其实，不管办事时遇到怎样的障碍，即使问题完全出在对方的身上，在我们的能力范围之内，只要肯做还是可以圆满解决的。上述的例子交流中常会发生，这时，你就要运用多角度、多层面的思考，才能使问题迎刃而解。

如何让别人不能拒绝你

当你满怀希望地与人交流，但你提出的要求竟然当场遭到对方的拒绝，那场面是很令人难堪的。这种被拒绝而产生的尴尬，往往会使人感到心冷、失落，心理失衡，甚至出现不正常情绪，比如记恨或报复的心理，因而影响彼此之间的关系。

造成这种尴尬的原因是多方面的，有些是无法预见的，难以避免的，但有些却是可以通过自己的努力加以避免的。从办事的角度来看，避免尴尬也是办事能力的组成部分。懂得并力争避免不必要的尴尬场面的出现，是每一个办事者都应该掌握的。

首先，在办事之前，要对交流对象和自己提出的要求及可能被满足的程度有基本的估计，起码要估计三个方面情况：

一是看自己提出的要求是否超出了对方的承受能力。如果要求太高，脱离实际，对方无力满足，这样的要求最好不要提出。否则，必然会自找难堪。

二是看对方的人品和自己与之关系的性质、程度。如果对方并非好施乐善之人，即使你提出的要求并不高，对方也会加以拒绝。对于这种人最好不要提出要求，不然也会自寻尴尬。此外还要看彼此关系的深浅，有时你与人家并没有多少交情，就提出很高的要求，交浅言深，其结果碰壁的可能性就会很大。

三是看你提出的要求是否合理合法。如果所提要求违反政策规定，人家肯定是会拒绝的，最好免开尊口。

在进行求助性办事前，需要先做上述估计，然后再决定如何提出自己的要求，这样做，一般说来是可以避免很多尴尬场面出现的。

其次，要学会办事的试探技巧。人际交往的情况是很复杂的。

有时，即使你事先做了充分估计，也难免遭遇意外，或出现估计失当的情况。这样，尴尬场面仍然可能降临到你的头上。在这种情况下，如何避免出现令人难堪的局面呢？运用必要的试探方法，就成了交流临场时避免尴尬选择了。常见的方法有：

1. 自我否定法

就是对自己所提问题拿不准，如果直截了当提出来恐怕失言，造成尴尬。这时，就可以使用既提出问题同时又自我否定的方式进行试探。这样在自我否定的意见中，就隐含了两种可能供对方选择，而对方的任何选择都不会使你感到不安和尴尬。比如，有一位年轻作者在某刊物上发表了两篇散文，可是收到相当于一篇的稿费，他想这一定是编辑部弄错了，可是又没有把握。他担心直接提出来，如果是自己弄错了，被顶回来那就太尴尬了。于是，他这样提出问题："编辑老师，我最近收到了 50 元稿费，这一期上刊登了我两篇稿子，不知是一篇还是两篇的稿费？"对方立即查了一下，抱歉地说是他们搞错了，当即给以补偿。这位作者是用了一些心思的。他把两种可能同时提出，而且是把自己的想法作为否定的意见提出。这样即使自己搞错了被对方否定，也因自己有言在先，而不会使自己难堪。

2. 投石问路法

当你有具体想法时，并不直接提出，而是先提一个与自己本意相关的问题，请对方回答，如果从其答案中自己已经得出否定性的判断，那就不要再提自己原定的要求、想法了。这样可以避免尴尬。

如有个女青年买了块布料，拿回家后才发现售货员找的钱不对，但是，又没有把握是否人家真的找错了，于是，她又回去，问道："小姐，这种布多少钱一米？"对方答后，她立即明白是自己算错了，说了句"谢谢"，满意地离开了商店。看来，这个姑娘的处理方法是明智的。

这一事例告诉我们，当自己拿不准的时候，最好不要直言相求或者否定对方，最好使用投石问路法，先摸情况，再决定下一步行动也不迟。有些人不是这样，他们处理问题易于冲动，情况没有搞清，就向人提出挑战，结果却是自己错了，使自己陷入窘境。比如，有的人买东西，自己没有算清楚就对售货员说："你少找我钱了！"等到人家一笔一笔算清楚了，证明人家没弄错时，那就尴尬极了。

3. 触类旁通法

当你想提一个要求时，还可以先提出一个属于同一类的问题，以此试探对方的态度。如果得到肯定的信息时，便可以进一步提出自己的要求；如果对方的态度是明确的否定，那就免开尊口，以免遭到拒绝尴尬。比如，有一位干部打算调离本单位，但又担心领导当场给予否定，或给领导留下坏印象，以后不好工作。于是他这样提出问题："书记，咱们单位有的青年干部想挪挪窝儿，您觉得怎么样？"书记说："人才流动我是赞成的。"他见书记态度还可以，于是进一步说道："如果这个人是我呢？""那也不拦，只要有地方去。"这样他摸到了领导的态度，不久，正式向领导提出调动的申请。用触类旁通法进行试探，其好处是可进可退，进退自如，在办事中有广泛的用途。

4. 顺便提出法

有时提出问题，并不用郑重其事的方式。因为这种方式显得过分重视，至关重要。一旦被否定，自己会感到下不来台。而如果在执行某一沟通任务过程中，利用适当时机，顺便提出自己的问题，给人的印象是并未把此事看得很重，即使不满足也没有什么感觉。比如某业务员在与某厂长谈判，一谈判告一段落时，向对方提出一个问题，说："顺便问一句，你们厂要不要人？我有个同事想到你们这里来工作。"厂长说："我们厂的效益不错，想来的人很多。可是目前我们一个人也没有进。""噢，是这样。"在对方的否定答复面前，他一点也没有感到尴尬，但是已达到了试探的目的。试想，如果一开始就以郑重其事的态度向对方提出这个问题，并遭到对方的拒绝，那现场的气氛就可想而知了。

再如，青工小赵随同厂长去拜访一位有名望的书法家，在谈完正事之后，小赵乘机说："万老，我很喜欢您的名字，如果您在百忙中能给我写一幅，那就太好了。"万老说："近来我身体不太好，以后再说吧！"很显然这是在拒绝，但是，由于是顺便提出的要求，小赵并不感到尴尬。

实际上在很多情况下，顺便提出的问题，往往是自己想达到的真正意图，但是，由于使用这种轻描淡写方式顺便一说，就使自己变得更主动一些，有退路可走，可以有效地防止因对方否定而造成的心理失衡。

5. 玩笑法

有时还可以把本来应郑重其事提出的问题用开玩笑的口气说出来，如果对方给以否定，便可把这个问题归结为开玩笑，这样既可达到试探的目的，又可在一笑之中化解尴尬，维护自己的尊严。

有一位同事到王经理家，想让已成功将儿子小强送进某知名中学的王经理帮忙把自己儿子也弄进去。他先是夸了经理的儿子，然后又"顺便"谈及自己的儿子："他呀，居然羡慕起小强，也打起了转学的主意，我说你以为我是王叔叔呀。"这种打哈哈方式，真真假假，可进可退，可以避免王经理拒绝的尴尬。

6. 非直接面谈法

发短信、发邮件、打电话提出自己的要求，与当面提出有所不同。由于彼此不见面，即使被对方所否定，其刺激性也较小，比当面被否定更易接受些。比如，有位作者写了一篇稿子，等了一段时间没有回音，于是就打电话询问结果："编辑老师，我想问问那篇稿子的处理情况……""噢，是这样，稿子已经看到了，我们认为还有些距离，很难采用……""是这样，谢谢您。"就这样他在较为平静的气氛中，接受了一个被否定的事实。

　　最后需要指出的是，避免出现尴尬并不是我们的最终目的，它不过是为了保护自己的自尊和面子所采取的一种策略性手段；我们不能仅仅满足于此，应更多地研究一些在被对方否定情况下，如何运用交际的技巧，扭转败局，争取办事的最后胜利。

第三章
掌握找领导办事的技巧

有一句流行的俚语说：领导说你行你就行，不行也行；领导说你不行你就不行，行也不行。这句话虽然未免以偏概全、有失偏颇，但也道尽了身为下属的无奈与郁闷。

为什么领导不知道你"不行"而说你"不行"？或者领导明明知道你"行"却偏要说你"不行"？问题的根源出在找领导办事的技巧上。

怎样获得领导支持

找领导办私事，领导往往是板起脸，一副公事公办的样子：你要办什么事儿？为什么要办这件事儿？理由充分吗？这三板斧首先砍得你晕头转向。如果你不能把这几个问题解答圆满，领导自然不会理解你、支持你、帮助你。如果他理解了你，你可能就得到了他的支持，问题可能也就迎刃而解了。相反，如果没有得到领导的理解，甚至有时他还觉得你提出的要求过分了，或者觉得你请求办的事儿有些出格了，那么，办事成功的希望就不存在了。所以，寻求理解对能否把事情办成至关重要。

那么，怎样获得领导的理解和支持呢？以下几点建议可供参考：

1. 选择好时间

要在领导有空闲的时候找他。领导忙的时候，心情容易烦躁，不但对你提出的事儿不记挂在心上，甚至还会嗔怪你不识眉眼高低。如果在领导时间宽裕的情况下去谈，领导有一定耐心听，问题可能会得到重视，因而也就更有利于把事情办好。

2. 选择好地点

找领导办事还要考虑场所和环境。有的事儿要到领导的办公室里谈，有的事儿则要到非办公场所谈；有的事儿适合私密环境，而有的事儿越是有旁人听到越有利。所以，这奥妙就在于你按所要求办的事儿的分量和利害关系选择合适的场合。

3. 采用适当的话题引出所要办的事

找领导办事要讲究话题的引入方式。有的需要直来直去、开门见山地和盘托出，有的则需要循循善诱、娓娓道来再渐入佳境，否则便会让领导感到唐突冒失、刺耳烦心。为了引出正题，可先谈些工作的事、生活的事、社会的事、家庭的事、领导关心的事、自己关心的事，为引入自己的事作为铺垫。

4. 清楚表达，情理交融

要想把事儿办好，必须首先把话说好。话要有逻辑性、条理性，让人听了有理有据，而且还要和风细雨，让人听了心旷神怡，同时还要力争把话说得生动感人，让人听了为之心动。所说"晓之以理、动之以情"，有理有情，情理交融，即使是铁石心肠的领导，也会被感动得甘愿费力出面为你办事儿。

5. 恭敬对方

人天性好面子，这就决定了人有最禁不住恭敬的特性。对领导来说也是如此，你求他帮助办事儿，恭敬他是理所当然的。你恭敬了他，他也反过来恭敬你和重视你，受到恭敬的人是很难放着对方的难题不管的。

时机要找准

请领导托办私事时，应看准时机和把握火候，最好应先向他的秘书打听一下，他的心情好不好。如果他的心情不佳，就不要找他；工作繁忙时，不要找他；如果吃饭时间已到，也不要找他；休假前和度假刚返回时，也不要找他。因为在这些时间，你同他谈与工作不相干的问题，他多半会拒绝。凡他拒绝的事你若再提起，只会增加不愉快，还会给领导留下一个难缠的印象。托领导办私事时，选好时机是很重要的。

镇农机站的李平，两口子都是普通工人，也没有什么体面的亲戚，平时倒也不觉得有什么低人一等的感受。可这段时间，两口子为儿子的升学问题愁眉苦脸。有人给他出点子，要他找站长。不爱求人的李平只好硬着头皮去找站长。站长刚处理完公事，同几个下属在聊天，李平算是逮了个好时机。

"站长，我实在是没有办法，只好来求您了。厂里许多人都给我出点子，说只有您能帮我解脱困境。"李平首先把厂里工人抬出来，给他戴高帽。

站长果然很受用，和颜悦色地问道："说吧，什么事？"

"我儿子初中毕业想进市一中，可是没有后台关系，分数够了也难进，进不了市一中，今后考大学就成问题了。站长您面子大，认识的体面人物多，站长一句话，比我去四处磕头还管用。"

"就这事？包在我身上了。"站长大包大揽地说。

"站长，真是谢谢您了。"

"嗯，这点小事谢什么吗？要真谢，就让你儿子好好读书，将来考上大学，再出国留学，哈哈哈……"

要把握好分寸

俗话说：事不关己，高高挂起。托领导办事一定要看事情是不是直接涉及自身利益，如果是，则领导无论是从对你个人还是从关心单位职工利益的角度，都会感到是一种义不容辞的责任。这样的事领导愿办，也觉得名正言顺。

比如，你爱人调动工作，你通过别的关系可能费了九牛二虎之力也难以办成，如果你托单位领导办，领导觉得你重视了他的地位，使他有了救世主的感觉，又可以作为为单位职工解决实际困难而积累其从政的资本，有时，这样的事你不找领导，领导也许还会产生你看不起他的想法呢。

但你一定要知道，这类事必须关系到你的切身利益。或你爱人的事，或孩子的事，或直系亲属的事，如果不管七大姑八大姨的事你都揽过来去托领导办，不但领导不会答应，而且还会认为你太多事，影响你在领导心目中的形象。

托领导办事还要掌握好"度"，不要鸡毛蒜皮的事也去托领导，如果事无巨细都去托，认为领导办起事比你容易，这样，领导会觉得你这人太没分寸，甚至会认为你缺乏办事能力。

比如，你家里需要买一个冰箱，如果托领导去说一下可能会便宜几百元钱，但这类的小事千万不要去托你的领导办，因为这类事显不出领导的办事能力，又贬低了自己，得不偿失。

大事与小事的区别在什么地方，要随你的单位性质和领导的层次而定，凡事有一个分寸，能否掌握好这个分寸，也是衡量一个人办事能力的标尺之一。

学会对领导说不

领导可以拒绝但不可以得罪，你要求领导给你办事，领导也有要求你办事的时候。一般说来，给领导办事是"义不容辞"的差事。因为领导是"看得起你才让你办事"，何况给领导办了事后，以后找领导办事也容易得多。但是，领导委托你做某事时，你要善加考虑，这件事自己是否能胜任？是否不违背自己的良心？然后再作决定。

如果只是为了一时的情面，即使是无法做到的事也接受下来，这种人的心似乎太软。纵使是很照顾自己的领导，他委托你办事，如果自觉实在是做不到，你就应很明确地表明态度，说："对不起！我不能接受。"这才是真正有勇气的人。否则，你就会误大事。

如果你认为这是领导拜托你的事不便拒绝，或因拒绝了领导会不悦，而接受下来，那么，此后你的处境就会很艰难。这种因畏惧领导报复而勉强答应，答应后又感到懊悔时，就太迟了。

此外，限于能力，无论如何努力都做不到的事，也应拒绝。但是这有一个前提，即是否真的做不到，应该实事求是地衡量一下，切不可因怀有恐惧心而不敢接受。经过多方考虑，提出各种方案后，是否能够有勇气来突破它？都需要考虑清楚。考虑后，认定实在无法做到，始可拒绝。

当然，拒绝更要讲究方法，采用何种方式让上司接受，这里面也是很有学问的。

我国近代著名教育学家陶行知在取得金陵大学文科第一名的成绩后，于1914年赴美留学，并在获得博士学位后于1917年回国。

归国后，陶行知在南京高等师范学校任教务主任。有一次，高师附中招考新生。国民党政府一位姓汪的高级官员的两位公子也来报考。可是，这两位公子平日只顾吃喝玩乐，从不认真读书、学习，属于不学无术的花花公子。结果，考试成绩低劣，未被录取。那位汪长官便打电话给南京高等师范学校找陶行知，要陶行知通融一下，录取他的两个小儿子入学。陶行知婉言拒绝。

第二天，汪长官派自己的秘书亲自到校找陶行知当面求情。这位秘书一见陶行知便说明来意，请陶行知在录取两位汪公子入学问题上高抬贵手。

陶行知郑重地告诉来者：

"本校招考新生，一向按成绩录取，若不按成绩，便失去了录取新生的准绳，莘莘学子将无所适从。汪先生两位令郎今年虽未考取，只要好好读书，明年还可再考嘛。"

秘书见陶行知毫无松口之意，便以利诱的口吻说道：

"陶先生年轻有为，又有留洋学历，只要陶先生在这件事上给汪先生一个面子，今后青云直上，何患无梯？眼下汪先生就会重重酬谢陶先生的。"

说罢，从皮包取出一张银票递了过来：

"这是汪先生一点小意思，希望陶先生笑纳。"

陶行知哈哈大笑，推开秘书的手，说：

"先生，我背着一首苏东坡的诗给你听听：'治学不求富，读书不求官。比如饮不醉，陶然有余欢。'请你卜复汪先生，恕行知未能从命。"

秘书满脸通红，他站起来，收起银票，改用威胁的口气说：

"但愿陶先生一切顺利，万事如意，将来切莫后悔。"说罢，悻悻而去。

陶行知先生运用这种方式拒绝，体现了他不畏权贵、坚持正义的高风亮节。但是，弄得秘书恼羞成怒地悻悻而去，就容易给自己造成隐患，所以不能算一种高超的策略。那么，现代人该怎样拒绝领导才能达到自己的目的，又尽量不得罪人呢？

如何巧妙拒绝领导

当领导提出一件让你难以做到的事时，如果你直言答复做不到时，可能会让领导觉得你不给他面子。这时，你不妨说出一件与此类似的事情，让领导自觉问题的难度而自动放弃这个要求。

甘罗的爷爷是秦朝的宰相。有一天，甘罗看见爷爷在后花园走来走去，不停地唉声叹气。

"爷爷，您碰到什么难事了？"甘罗问。

"唉，孩子呀，大王不知听了谁的挑唆，硬要吃公鸡下的蛋，命令满朝文武想法去找，要是三天内找不到，大家都得受罚。"

"秦王太不讲理了。"甘罗气呼呼地说。他眼睛一眨，想了个主意，说："不过，爷爷您别急，我有办法，明天我替你上朝好了。"

第二天早上，甘罗真的替爷爷上朝了。他不慌不忙地走进宫殿，向秦王施礼。

秦王很不高兴，说："小娃娃到这里捣什么乱！你爷爷呢？"

甘罗说："大王，我爷爷今天来不了啦。他正在家生孩子呢，托我替他上朝来了。"

秦王听了哈哈大笑："你这孩子，怎么胡言乱语！男人家哪能生孩子？"

甘罗说："既然大王知道男人不能生孩子，那公鸡怎么能下蛋呢？"

甘罗的爷爷作为秦朝的宰相，遇到了不可能做到的皇帝的命令，却又找不到合适的办法拒绝。甘罗作为一个孩童，能如此得体地拒绝秦王，并让秦王不得不放弃自己的无理要求，实在是大出人们的意料。也正因为如此，秦王对甘罗才有了"孺子之智，大于其身"

的叹服。以后，秦王又封甘罗为上卿。现在我们俗传甘罗 12 岁为丞相，童年便取高位，不能不说正是甘罗的那次聪明的应对，才使秦王看重他的。要想巧妙地拒绝上司的任务，可以利用以下方式：

1. 造成已尽全力的错觉

当领导提出某种要求而下属又无法满足时，下属可以设法造成已尽全力的错觉，让领导自动放弃其要求，也是一种好方法。

比如，当领导提出不切实际不能满足的要求后，就可采取下列步骤，先答复："您的意见我懂了，请放心，我保证全力以赴去做。"在之后的工作汇报中，你要向领导解释自己一直在努力推进这件事，但是由于一些自己不能掌控的原因，使得事情不能顺利进行。尽管此事最后不了了之，但你也会给领导留下好感，因为你已造成"尽力而做"的假象，实际上也让领导自知理屈，下了台阶。领导也就不会再怪罪你了。

通常情况下，人们对自己提出的要求，总是念念不忘。但如果长时间得不到回音，就会认为对方不重视自己的问题，反感、不满由此而生。相反，即使下属不能满足领导的要求，只要能做出些努力的样子，对方就不会抱怨，甚至会对你心存感激，主动撤回已让你为难的要求。

2. 寻找一些托词

拒绝领导的时候尽量不要用否定对方的字眼。遇到你必须拒绝的事情，你可以寻找一些托词，如："待我考虑考虑再答复你吧！"

用这种办法，可以摆脱窘境，既可不伤害领导的感情，又可使对方知道你有难处。比毫不含糊地直接讲"不"要强得多。

拒绝领导，一定要讲究策略。婉转地拒绝，对方会心服口服；如果生硬地拒绝，对方则会产生不满，甚至怀恨、仇视你。

另外，避开实质性的问题，故意用模棱两可的语言做出具有弹性的回答，既无懈可击，又达到在要害问题上拒绝做出答复的目的。

以下这位著名造船家对德皇威廉二世的军舰设计书的婉转评价很值得借鉴。

德皇威廉二世设计了一艘军舰。他在设计书上写道："这是我积多年研究，经过长期思考和精细工作的结果。"他请一个著名的造船家对此设计做出鉴定。

过了几周，造船家送回其设计稿并写下了下述意见：

"陛下，您设计的这艘军舰是一般威力无比、坚固异常和十分美丽的军舰，称得起空前绝后。它能开出前所未有的高速度，它的武器将是世上最强的，它的桅杆将是世上最高的，它的大炮射程也将是世上最远的。您设计的舰内设备，将使从舰长到见习手的全部乘员都会感到舒适无比。您这艘辉煌的战舰，看来只有一个缺点：那就是只要它一下水，就会立刻沉入海底，如同一只铅铸的鸭子一般。"

努力化解与领导的冲突

正如"有什么也别有病"，原则上我们还要讲究"和谁冲突也别和领导冲突"。然而，冲突和误解是我们工作、生活中不可避免的，下属与领导之间因工作分配、报酬等方面的原因发生冲突是常见的。那么作为一名普通的被领导的下属，当你与上级发生冲突时，该如何去做呢？

1. 学会忍耐

为了维护良好的上下级关系，和谐地和领导相处，必须学会忍耐。我国历来崇尚谦让和忍耐，但这并不意味着无原则地去委曲求全，也不是让我们去一味地忍耐，否则的话，某些领导将长期放纵下去而越发的为所欲为。我们这里只是要你适当地忍耐和节制，并正确掌握和运用这一手段。

由于上下级之间所处的社会层次不同，各自自我角色的认知以及彼此对他人角色地位的认知不一致，上下级间难免有矛盾、冲突发生。即使是和谐的上下级关系中，冲突的蛛丝马迹依然可见，只不过有的尖锐、有的缓和、有的公开、有的隐藏，存在的程度和方式有所不同罢了。所以在处理上下级之间的冲突时，要尽量忍耐，将个人与领导之间的外在冲突，转成个人心理的自我调整。例如当领导不客观地批评你时，你自然感到委屈，甚至想与上级闹翻。但你此时应该冷静下来，要以"路遥知马力，日久见人心"的常理来安慰自己，相信会有弄清事实的那一天，这样你的内心会渐渐平静下来。如若你采取极端的做法，暴跳如雷，大动干戈，其结局可想而知。

宽容、忍耐、克制的态度，可以使自己和领导在心理上都有一个缓冲的余地。一方面我们要反省自己的行为是否有不当之处；另一方面，上级也可能会反思一下自己。再者，突然而激烈的外部冲突，只会增加彼此间的反感，导致交往的裂痕，使上下级关系难以良性发展。

最后需要强调的是，我们所指的忍耐是有限度的，一味忍耐并非良策。

2. 化误解为理解

身为别人的下属是很难的，有时往往不经意之中就得罪了某位领导，而我们自己却浑然不知，等到弄明白是某位领导误解了我们的时候，已经为时晚矣。

小韩在五年前还是基层车间的一名普通员工，后来厂宣传部一个姓方的部长见小韩文笔不错，便顶着压力将小韩调进了宣传部当了宣传干事。从此，小韩对方部长的知遇之恩一直铭记在心。两年后，小韩抽到厂办当了秘书，成为厂办王主任的部下，精明的小韩很快得到了王主任的喜欢。

没过多久，小韩忽然感到方部长与他渐渐疏远了。一了解，才知现在的领导王主任和从前的领导方部长之间有私人恩怨，因而，方部长总是怀疑小韩倒向了王主任那边。

其实，引发方部长对小韩误解的"导火线"很简单。在一个雨天，小韩给王主任打伞，没给方部长打伞。这还是很久以后方部长亲口对小韩说的，而事实上小韩从后面赶上给王主任打伞时，确实没有看见方部长就在不远处淋着雨，误解就此产生了。

方部长一气之下，在许多场合都说自己看错了人，说小韩是个忘恩负义的人，谁是他的上级，他就跟谁关系好。其实小韩根本不是这样的人，他也浑然不知发生的一切。直到方部长在人前背后说的那些话传到小韩耳朵里，小韩才感到事情的严重性。

对此，小韩自有他的应对之道。

（1）路遥知马力

正所谓"路遥知马力，日久见人心"，方部长在气头上说自己是忘恩负义的人，一定是自己在某一方面做得不好，现在向方部长解释自己不是那样的人，方部长肯定听不进去，自己到底是怎样的人，还是让事实来说话，让时间来检验吧！

（2）解铃还须系铃人

方部长误解了自己，还得自己向方部长解释清楚，自己既是"系铃人"也是"解铃人"，要化干戈为玉帛，还要靠自己用心努力去做才行。

有了解决问题的原则，小韩采取了以下六个方法努力消除方部长对他的误解：

首先，极力掩盖矛盾。每当有人说起方部长和自己关系不好时，小韩总是极力否认根本没有这回事，他不想让更多的人知道方部长和自己有矛盾。小韩此举的目的是想制止事态的扩大，更利于缓和矛盾。

其次，在公开场合尤其注意尊重领导。方部长和小韩在工作中经常碰面，每次小韩都是主动和方部长打招呼，不管方部长搭理还是不理，小韩总是面带微笑。有时因工作需要和方部长同在一桌招待客人，小韩除了主动向方部长敬酒，还公开说自己是方部长一手培养起来的，自己十分感激方部长。小韩此举的目的是表白自己时刻没有忘记方部长的恩情。

第三，背地场合经常褒扬领导。小韩深知当面说别人好不如背地褒扬别人效果好。于是，小韩经常在背地里对别人说起方部长对自己的知遇之恩，自己又是如何如何感激方部长。当然，这些都是小韩的心里话。如果有人背地里说方部长的坏话，小韩知道后则尽力为方部长辩护。小韩此举的目的是想通过别人的嘴替自己表白真心，假若方部长知道了小韩背地里褒扬自己，肯定会高兴的，这样更利于误解的消除。

第四，紧急情况及时"救驾"。在平时工作中，小韩若知方部长遇到紧急情况，总是挺身而出及时前去"救驾"。如有一次节日贴标语，方部长一时找不着人，小韩知道后，主动承担了贴标语的任务。类似事情，小韩一直是积极去做。小韩此举的目的是想重新博得方部长的好感，让方部长觉得小韩没有忘记他，仍是他的部下，有利于方部长心理平衡，消除误解。

第五，找准机会解释前嫌。待方部长对自己慢慢有了好感以后，小韩利用同部长一同出差去外地开会的机会，与方部长很好地进行了交流。方部长最终还是被小韩的诚心打动，说出了对小韩的看法以及误解小韩的原因——"雨中打伞"的事。小韩闻听，再三解释当时自己真的没看见方部长，希望方部长不要责怪他。方部长也表示不计前嫌，要和小韩的关系和好如初。小韩利用单独相处机会弄清被误解的原因，同时让方部长在特定场合里更乐意接受自己的解释。

第六，经常加强感情交流。方部长对小韩的误解烟消云散之后，小韩再不敢掉以轻心，而是趁热打铁，经常找机会与方部长进行感情交流，或向方部长讨教写作经验，或到方部长家和他下棋打牌。久而久之，方部长更加喜欢这个昔日部下了。小韩通过经常性的感情交流，增进改善了与老领导之间的友谊。

功夫不负有心人。在小韩的不懈努力下，方部长对小韩的误解彻底没有了，反倒觉得以前有些对不住小韩。从那以后，方部长逢人就夸小韩是好样的，两人的感情也与日俱增。

第四章
掌握与同事共事的技巧

　　在公司里共事，同事之间的互动是十分频繁的。同事友好共事、和睦相处，对一个人工作是否顺心如意、能否成功晋升有着举足轻重的作用。而这一切，很大程度上取决于这个人对办事的把握。

与同事共事的三个原则

初到一个新环境，第一件事最好就是向周围的同事、同学作自我介绍，然后说请大家多多关照，表示了一种希望得到信任和帮助的愿望。

人们在工作中的人际关系，是一种相互依存的关系，因为大家的事业是共同的，必须依靠合作才能完成。而合作又需要气氛上的和谐一致，而情感上互不相容，气氛上别扭紧张，都不可能协调一致地工作。

在一个单位里，每个人都有着自己的个性、爱好、追求和生活方式，因环境、教养、文化水平、生活经历等区别，不可能也不必要求每个人处处都与他所处的群体合拍。但是谁都懂得，任何一项事业的成功，都不可能仅依靠一个人的力量，谁也不愿意成为群体中的破坏因素，被别人嫌弃而"孤军作战"，这就是共同点。一个有修养的、集体感强的人，是能够利用这一共同点，以自己的情绪、语言、得体的举止和善意的态度，去感染、吸引或帮助别人，使人与人之间相处得更融洽。

1. 以诚动人

同事之间每天接触、一起工作的时间较长，相互间的了解比较多也比较深，如果有事找同事交流却又掖掖藏藏，不把事情说明白，容易使同事对你产生不信任的感觉。因此，找同事交流就要先说明究竟为了什么事，坦言自己为什么要找他。这样，精诚所至，只要同事能办到的事，一般是不会回绝你的。

2. 客气礼貌

不要以为同事是天天见面的熟人，就一副大大咧咧的样子，找同事交流时，说话一定要客气，而且要以征询的口气与同事探讨，请求他帮忙想办法。受到如此的尊重，同事如果觉得事情好办，自然会自告奋勇地去办。说几句客气话，省了许多麻烦事。办完事之后，一般不要用钱来表示谢意，客气几句，说声谢谢你就可以了，如果执意要拿钱来表示，容易引起反感，因为同事之间相互帮忙办点事就接受物质感谢，会给大家留下坏印象。

3. 让对方感到他是主角

人们最感兴趣的就是谈论自己的事情，对于那些与自己毫不相关的事情，多数人会觉得索然无味。而对你来说最有趣的事情，有时不但很难引起别人的共鸣，甚至还会让人觉得可笑。年轻的母亲会热情地对同事说：我的宝宝会叫"妈妈"了，她这时的心情是很高兴的。可是，旁人听了会和她一样的高兴吗？别人会认为，谁家的孩子不会叫妈妈呢？这是很正常的事情。所以，在你看来是充满了喜悦的事，别人不一定会有同感。在与人交往的时候，要多照顾对方的感觉，应努力让对方感到交往的主角是他。

与同事共事时竭力忘记你自己，不要老是嚷嚷，无休止地谈你个人的事情，你的孩子，你的生活，以及其他的事情。人人最喜欢的都是自己最感兴趣或最熟知的事情，那么，在交往上你就可以明白别人的弱点，而尽量将话题引到让他说自己的事情，这是使对方高兴的最好方法。你以充满了理解和热诚的心去听他叙述，一定会给对方留下最佳的印象，并且他会热情欢迎你，愉快接待你。

在谈论自己的事情时，和人家较真或与人争辩等，都是不明智的表现。但还有一样最不好的，就是在别人面前夸张自己，在一切不利于自己的行为中，再也没有比张扬自己更愚笨了。

如何与同事日常相处

能与同事和睦相处，在日后的办事过程中必定能做到左右逢源。与同事相处并没有太多的繁文缛节，但也不能大大咧咧地随心所欲。要知道，得到一个同事的认可，也许要用数年的时间，而失去一个同事的帮衬却用不了一天。以下是同事之间相处的法则：

1. 寒暄、招呼作用大

和同事在一起，工作上要配合默契，生活上要互相帮助，就要注意从多方面培养感情，制造和谐融洽的气氛，而同事之间的寒暄有利于制造这种气氛。比如，早上上班见面时微笑着说声"早上好"，下班时打个招呼，道声"再见"等等，这对培养和营造同事之间亲善友好的气氛是很有益处的。

另外，外出公差或工作时间要离开岗位办件急事，也最好和同事通个气，打个招呼，这样如果有人找时，同事就可告诉你的去向。如果来了急事要处理，同事也好帮助料理。寒暄、招呼看起来微不足道，但实际上它又是一个体现同事之间相互尊重、礼貌、友好的大问题。

2. 合作不能"挑肥拣瘦"

与同事们一起共同合作，切莫"挑肥拣瘦"，把脏活、累活、利少、难办的推给别人；把轻松、舒服、有利可图的工作揽下给自己；同事们拼力苦干，你却暗地里投机取巧。这样他们就会觉得你奸猾、不可靠，不愿与你合作共事。同事之间只有同心协力，不斤斤计较，协同作战，才能共谋大业，共同发展。

3. 取得佳绩不要炫耀

工作中取得了成绩，心情感到喜悦和高兴，这是人之常情，但千万不可在同事面前炫耀卖弄。过多谈论自己的成绩、功劳，就会使同事感到你有抬高和显示自己、轻视或贬低他人之嫌。因为自吹自擂者，要夸的自己都夸了，别人还有什么可说的呢？要讲的也只有对你的"反感"了。

4. 不要苛求和挑剔同事

每一个人都会有自己的缺点和不足，与自己相处的同事也是一样，工作和生活中总会出现一些过失、缺点，甚至错误，这是在所难免的。对于同事的过失和一些错误，要善于体谅和宽容。

人非圣贤，孰能无过？对于同事的过失和不足，只要不是原则问题，只要不影响大局和全局，除进行友善的帮助和提醒之外，更重要的是采取宽容和大度的态度去原谅别人，只有这样才能赢得同事的友好和精诚合作。如果采取苛刻和挑剔的态度对待同事，那么在你眼中同事的一切都不会如意。同样地，同事也不会与你同心、同德来共事。

5. 不搬弄是非

和同事相处不搬弄是非，这一点也是很重要的。比如有些人在老李的面前讲老张的不是，在老张的面前又讲老李的不是；还有的人喜欢搞道听途说，传小道消息。这样一来，同事间就会纠葛不断，风波迭起，搞得同事之间不得安宁。因此同事之间要相安共处，就不能搬弄是非，不该问的不去问，不该说的不去说。不要对一些同事论长道短，也不要对不清楚的事乱发议论，要加强品德修养。一个人应该养成在背地里多夸赞别人的好处，少讲或不讲别人的坏处的习惯。

怎样处理与同事之间的矛盾

在办公室里经常会有人因对工作问题，勃然大怒，其实这并不奇怪，说明他们对工作态度认真、情绪高昂。

如果你想在工作中面面俱到，谁也不得罪，谁都说你好，那是不现实的。因此，在工作中与其他同事产生种种冲突和意见是很常见的事，碰到一两个难以相处的同事也是很正常的。

但同事之间尽管有矛盾，仍然是可以来往的。首先，任何同事之间的意见往往都是起源于一些工作中的具体的事件，而并不涉及个人的其他方面，事情过去之后，这种冲突和矛盾可能会起因于人们的思维习惯性不同，但时间一长，也会逐渐淡忘。所以，不要因为过去的小矛盾而耿耿于怀。只要你大大方方，不把过去的冲突当一回事，对方也会以同样豁达的态度对待你。

其次，即使对方仍对你有一定的歧视，也不妨碍你与他的交往。因为在同事之间的来往中，我们所追求的不是朋友之间的那种友谊和感情，而仅仅是工作，是任务。彼此之间有矛盾没关系，只求双方在工作中能通力合作。由于工作本身涉及双方的共同利益，彼此间合作如何，事情成功与否，都与双方有关。如果对方是一个聪明人，他自然会想到这一点，这样，他也会努力与你合作。如果对方比较固执，你不妨在合作中或共事中向他点明这一点，以利于相互之间的合作。

如果你与大多数人的关系都很融洽，你可能会觉得问题不在于你这一方；你甚至发现其他人也和他们有过不愉快的经历，于是，大家对那个人的看法也会有同感，所以，你也就会了解到是那个人造成这种不融洽局面的。

　　当你们双方都没有花时间去进一步了解彼此，也没有创造一些机会去心平气和地阐述各自的看法，双方缺乏对彼此的信任，个人间的关系也就会不断倒退。怎样才能够改变这种局面、改善彼此的关系呢？

　　你不妨尝试着抛开过去的成见，更积极地对待这些人，至少要像对待其他人一样对待他们。一开始，他们也许会有戒心。你更需要有足够的耐心，因为将过去的积怨平息的确是件费功夫的事。你要坚持善待他们，一点点地改进，过了一段时间后，表面上的问题就如同阳光下的水滴一样一蒸发便消失了。

　　也许还有深层的问题，他们可能会感觉你曾在某些方面怠慢过他们，也许你曾经忽视了他们提出的一个建议，也许你曾在重要关头反对过他们，而他们将问题归结为是你个人的原因；还有可能你曾对他们很挑剔，而恰好他们听到了你的话，或是听闻一些人转述了你的话。那么，你该如何进行处理呢？如果任问题存在下去，将是很危险的，很可能在今后造成更恶劣的后果。最好的方法就是找他们沟通，并确认是否你不经意地做了一些事得罪了他们。当然这要在你做了大量的内部工作，且真诚希望与对方和好后，才能这样行动。

　　在与他们的沟通中，你可以心平气和地解释一下你的想法，比如你很看重和他们建立良好的工作关系，也许双方存在误会等等。如果你的确做了令他们生气的事，可主动地做一些自我批评，以取得对方的谅解。

　　或许他们会告诉你一些问题，而这些问题或许不是你心目中想的那一个问题，然而，不论他们讲什么，一定要听他们讲完。同时，为了能表示你听了而且理解了他们讲述的话，你可以用你自己的话来重述一遍那些关键内容，例如，"也就是说我放弃了那个建议，而你感觉我并没有经过仔细考虑，所以这件事使你生气。"现在你了解了症结所在，而且找到了可以重新建立良好关系的切入点，但是，良好关系的建立应该从道歉开始，你是否善于道歉呢？

如果同事的年龄资格比你老，你不要在事情正发生的时候与他对质，除非你肯定自己的理由十分充分。更好的交流办法是在你们双方都冷静下来后解决，即使在这种僵持的情况下，直接地挑明问题和解决问题都不太可能奏效。你可以谈一些相关的问题，当然，你可以用你的方式提出问题。如果你确实做了一些错事并遭到指责，就要重新审视那个问题并要真诚地道歉。类似"这是我的错"，这种话可能会赢得对方的好感而使对方与你关系得到改善。

怎样消除同事的排挤

如果有一天，你发现你的同事突然一改常态，不再对你友好，事事抱着不合作的态度，处处给你设难题刁难你，出你的洋相，看你的笑话，你就得当心了。这些信息向你传送了一个重要信号，同事在排挤你。

被同事排挤，必然有其原因。这些原因不外乎以下几种情况：

（1）近来连连升级，招来同事妒忌，所以群起攻之排挤你。

（2）你刚刚到这个单位上班，你有着令人羡慕的优越条件，包括高学历、有背景、相貌出众，这些都有可能让同事妒忌。

（3）决定聘你的人是公司内人人讨厌的人物，因此连你也会受牵连。

（4）你的衣着奇特、言谈过分、爱出风头，令同事望而却步。

（5）你过分讨好上级，而疏于和同事交往。

（6）你的存在或行为妨碍了同事获取利益，包括晋升、加薪等可以受惠的事。

你的情况如果是属于1、2项，这情况也很自然，所谓"不招人妒是庸才"，能招人妒忌也不是丢面子的事。其实只要你平日对人的态度和蔼亲切，同事们不难发觉你是一个老实正直的人，久而久之便会乐于和你交往。

另外，你可以培养自己的聊天能力，因为同事们的最大爱好之一就是聊天，通过聊天改变同事对你的态度。但聊天切忌东家长、西家短，谈论是非。

你的情况如果属于第3项，那便是你本人的不幸，只有等机会向同事表示，自己应聘主要是喜爱这份工作，与聘用你的人无关，与他更不是亲戚关系。只要同事了解到你不是"告密者"的身份，自然会欢迎你的。

你的情况如果是属于第4、5项，那么你便要反省一下，因为问题是出在你自己身上。

想要让同事改变看法，只有自己做出改善。平时不要乱发一些惊人的言论，要学会当听众，衣着也应适合自己的身份，既要整洁又要不招摇，过分突出的服装不会为你带来方便，如果你为了出风头而身着奇装异服招摇过市，这会令同事们把你当成敌对的目标。

如果是属于第6项，你要注意你做事的分寸。升职、加薪、条件改善，甚至领导一句口头表扬，都是同事们想获得的奖励，正当的竞争也在所难免，虽然大家非常努力地工作，但彼此心照不宣，谁不想获得奖励呢？

有些人之间或许会有不共戴天之仇，但在办公室里，这种仇恨一般不至于激化到那种地步。毕竟是同事，都在为着同一家单位工作，只要矛盾还没有发展到你死我活的地步，总是可以化解的。

中国有句老话："冤家宜解不宜结"。同在一家公司谋生，低头不见抬头见，还是少结冤家比较有利于你自己。不过，化解敌意也需要技巧。

嫉妒是人性的基本特征之一，只不过有的人会把嫉妒表现出来，有的人则把嫉妒深埋在心底。

嫉妒是无所不在的，朋友之间、同事之间、兄弟之间、夫妻之间、亲子之间，都有嫉妒的存在，而这些嫉妒一旦处理失当，就会形成足以毁灭一个人的烈火。不过，这里只谈朋友、同事之间的嫉妒。

朋友、同事之间产生的嫉妒大都是因为以下情况，例如："他的条件又不见得比我好，可是却爬到我上面去了。""他和我是同班同学，在校成绩又不如我好，可是竟然比我早发达，比我有钱!"……换句话说，如果你升了官，受到上司的肯定或奖赏、获得某种荣誉时，那么你就有可能被同事中的某一位（或多位）嫉妒。

女人的嫉妒会表现在行为上，说些"哼，有什么了不起"或是"还不是靠拍马屁爬上去"之类的话，但男人的嫉妒通常埋在心里，更有甚者则开始跟你作对，表现出不合作的态度。

因此，当你一朝得意时，你应该注意几件事：

在单位之中有无资历、条件比我好的人落在我后面？因为这些人最有可能对你产生嫉妒，因此你应更加谦虚谨慎。

观察同事们因你的"得意"而在情绪上产生的变化，以便得知谁有可能嫉妒。

一般来说，心里有了嫉妒的人，在言行上都会有些异常，不可能掩饰得毫无痕迹，只要稍微用心，这种"异常"很容易发现。

而在注意这两件事的同时，你也要做这些事情：

1. 别让自己高高在上，以免招致嫉妒

不要凸显你的得意，以免刺激他人的嫉妒心，或是激起本来不嫉妒你的人的嫉妒。你若过于得意忘形，那么你的欢欣必然换来遭人嫉妒的苦果。

把姿态放低，对人更有礼，更客气。

2. 低调做人

千万不可有轻慢对方的态度，这样就可降低别人对你的嫉妒，因为你的低姿态使某些人在自尊方面获得了满足。

3. 在适当的时候适当显露你无伤大雅的短处

例如不善于唱歌，字写得很差等等，好让嫉妒的人心中有"毕竟他也不是十全十美"的心理补偿。

和心有嫉妒的人沟通，诚恳地请求他的配合，当然，也要真诚

地发现、赞扬对方有而你没有的长处，这样或多或少可消除他的嫉妒。

遭人嫉妒绝对不是好事，因此必须以低姿态来化解。而话说回来，嫉妒别人也不是好事，如果你有嫉妒之心，又无法消除，那么千万不要让它转变成破坏力量，因为这种力量伤人也会伤己，而且嫉妒也会阻碍你的进步。因此，与其嫉妒，不如迎头赶上对方，甚至超越对方。

防人之心不可无

《增广贤文》中有句名言："害人之心不可有，防人之心不可无。"用现代人的观点来看，似乎可以这样来理解，人人在其工作、谋生的圈子里都有可能遇到种种"陷阱"，而这些"陷阱"足以挫败人的工作热情。特别是在某些行业，明里拉帮结派、互帮互助，暗地里互相拆台、使绊子的现象屡见不鲜。虽然我们未必会去做设"陷阱"害人，但是如果要做赢家，就必须连别人也考虑进去，以防可能会出现的麻烦。

的确，"害人之心不可有"，因为害人会有法律和道德上的麻烦，而且也会引发对方的报复；如果你本来是"好人"，害了人反而会引起良心上的愧疚，实际上对自己的伤害更太。然而，在社会上光是不害人还不够，还得有防人之心。尤其在同事之间存在着竞争利害关系，每个人都想扩张他的欲望。而欲望受到危害的时候，"善人"也会在利害关头显示出他的"恶"。例如有人为了升迁，不惜设下圈套打击其他竞争者；有人为了生存，不惜在利害关头出卖朋友……与同事相处，你要时刻提醒自己周围有小人，明枪易躲，暗箭难防。

木秀于林，风必摧之；堆出于岸，水必湍之；行高于人，众必非之。古往今来，多少仁人智士，因其才能出众，技艺超群，行为脱俗，招来别人的嫉妒、诬陷，甚至丢了性命。周公因谤而离朝，韩信遭诽受竹刀。

在某市机关的技术科里，李云与王亮是很要好的朋友。他们原是中学同学，后来又进了同一所理工大学，他们既是同学关系又是同事关系，所以两人都很珍视这份缘分。后来，局里要在他们科室选拔一位中层领导，消息传开后，科室里的人都议论纷纷，都希望自己入选。但后来传出内部消息，领导主要在考察李云与王亮。他们俩的能力都很突出，尤其是李云，能力强，为人正派，在群众中的口碑也不错。

几天后结果下来了，令大家吃惊的是，中选的不是李云，而是王亮。大家想不通是怎么回事，但王亮心里最明白。原来，在王亮得知选拔是在他与李云之间进行时，私欲极大地膨胀起来，他暗下决心，一定要把李云挤掉。他明白，如果搞公平竞争，自己不是李云的对手，他只能靠小动作取胜。于是，他四处活动，在上级面前极尽献媚之能事，除大大夸张自己的能力外，还处处给领导一个暗示——李云有许多缺点，他不适合这份工作。王亮与李云相处多年，找出李云一些工作上的失误毫无困难，加之王亮又编造了一些似乎很有说服力的证据。在王亮的阴谋活动下，他终于把李云挤了出去。

在成为同事之前认识或者是朋友的，当成为同事之后，这种关系是最不好处的，因为相互都知根知底，很容易就会揭发对方的老底。所以处于竞争中的同事，必须时刻小心提防，特别是对知根知底的"朋友"更要防一手。正如李云的遭遇一样，他处于一种"防不胜防"的被动而尴尬的境地。其实，他没有弄明白在这种情况下，只有进攻才是最好的防守，若一味防守，成为受害羔羊的无疑就是你。

所以有许多人即使是再好的朋友，也不愿意进入同一个机关成为同事，尤其是那种潜伏着利益冲突的同事。朋友好做，只要大家合得来就行，而这个同事关系的确难处，因为其中充满了利益纠缠。做朋友时有来有往，协调得非常好。当带着朋友的关系进入同事角色之后，由于种种原因，相互的心态可能会发生巨大变化，而这种变化只能有一个结局，那就是损害了以前良好的朋友关系，而这种关系的损害，不是因为有人精神升华而产生的，却是因为对利益的争夺而形成的，这多少有些叫人寒心。所以，有许多人宁肯做一辈子与利无争的朋友，也不会去做利益丰厚的同事。

《孙子兵法·形篇》中说："善守者，藏于九地之下。"意思是说，善于防守的人，像藏于深不可测的地下一样，使敌人无形可窥。与同事交往，也要谨以安身，避免成为别人攻击的目标。有些人生性喜欢玩弄权术，对付这种人，千万别认真，否则，只会白白让自己生气，叫对方暗自得意。碰到这种人可采用一种以退为进的策略，因为这类人多数是以声势取胜，凡事"大声疾恶"，誓要将小事扩大。

同事间和平相处，团结协作固然会令人在工作中轻松愉快，但是人心隔肚皮，作为上班族，待人处世时多一个心眼是极有必要的。下面几条规则，对你在交往过程中防备"不可测"的同事有很大帮助。

1. 随便交心不可取

在现代竞争十分激烈的社会中，正人君子有之，奸佞小人有之；既有坦途，也有暗礁。在复杂的环境下，不注意说话的内容、分寸、方式和对象，往往容易招惹是非，授人以柄，甚至祸从口出。人只有踏踏实实地工作，努力适应环境，才能改造环境，顺利地走上成功之路。因此，工作中说话小心些，为人谨慎些，尽量避开生活的误区，使自己置身于进可攻、退可守的有利位置，牢牢地把握人生的主动权，无疑是有益的。况且，一个毫无城府、喋喋不休的人，会显得浅薄俗气，缺乏涵养而不受欢迎。

2. 要有防人之心

在单位中，有时同事之间为了各自的利益，往往会互相猜忌，尔虞我诈。身处这种环境，就有如深入敌后孤军作战一样，而孤军作战的最高原则就是"保护自己，消灭敌人"。

许多在工作上力争上游的同事，很注意将对手打倒，却不善于保护自己，这是不足取的。一方面要友好竞争，一方面也要在众人的竞争中保护自己，在势单力薄的情况下，要夹紧尾巴做人，千万不要露出有某种野心的样子，成为众矢之的。尽管俗话说："不招人忌是庸人。"但招人忌是蠢材。在积极做好自己本职工作的时候，最好摆出一副"只问耕耘，不问收获"的超然态度。

3. 避免金钱来往

人们通常有一个坏毛病，向人借来的钱很容易忘掉，借给别人的钱，经常记得牢牢的。因此，在钱的问题上，你必须注意五点：

（1）身边必须多带些钱。

（2）尽量避免向人借钱。

（3）借出的钱最好不要记住，借来的钱千万要记住。

（4）假如手头不方便时，不要参与分摊钱的事。

（5）养成有计划地使用钱的习惯。

4. 别与同事非议领导

不论多么值得信赖的同事，当工作之余闲聊时，切忌不要在同事面前批评领导，这无疑是授人以柄。就算听你倾诉的同事和你肝胆相照，不会做出卖你的事情，但也得小心"隔墙有耳"啊！

5. 切勿自揭底牌

在办公室内，不论你平时表现得如何亲切，有时也会无端地被人当成敌对的目标。所谓："不招人妒是庸才"，所以你也不用把这些不快之事放在心上。同事间能和平相处，自然是最好不过，但如果敌意不可避免，便要小心应付，尤其对手是公司的元老时更要留意，因为他的工作能力或许不及你，但对公司的了解，对人事之间的微妙关系，则胜出你许多。在这时最重要的是不要让他知道太多有关你的资料，包括你的背景、进修情况，与各部门主管的关系及手上工作的进度等。

你的底细让对手知道越少，他越不敢无端地与你过不去。

第五章
掌握与下属交流的技巧

　　踏入领导层的圈子，你的人际关系就更为复杂了。一个出色的领导不一定是最有才能的专家，最重要的是必须善解人意、善知人性、善测人心，能够有效而又快捷地对上对下作恰如其分的应对。要做到这一点，对其办事能力便提出了更高的要求。

如何与下属谈话

与下属交谈是领导工作与应酬中经常的事，也是任何领导必须掌握的一门办事技巧。在与下属交谈时，领导至少要做到以下 7 点：

1. 善于激发下属讲话的愿望

留给下属讲话的机会，使谈话在感情交流过程中，完成信息交流的任务。

2. 善于启发下属讲真情实话

身为领导定要克服专横的作风，代之以坦率、诚恳、求实的态度，不要以自己的好恶而显现出高兴与不高兴的态度，并且尽可能让下属了解到，自己感兴趣的是得到真实情况，而并不是奉承的假话，这样才能消除下属的顾虑和各种迎合心理。

3. 善于抓住主要问题

谈话必须突出重点，扼要紧凑，要善于阻止下属离题的言谈并加以引导。

4. 善于表达对谈话的兴趣和热情

充分利用表情、姿态、插话和感叹词等一切手段，来表达自己对下属讲话内容的兴趣和对这些谈话的热情，在这种情况下，上司的微微一笑，赞同的一个点头，充满热情的一个"好"字，都是对下属谈话最有力的鼓励。

5. 善于掌握评论的分寸

听取下属讲述时，领导一般不宜发表评论性意见，以免对下属的讲述起引导作用，若要评论，措辞要有分寸。

6. 善于克制自己，避免冲动

下属发现情况后，常会忽然批评、抱怨起某些事情，而这客观上正是在指责领导。这时你一定要头脑冷静、清醒。

7. 善于利用谈话中的停顿

下属在讲述中常常出现停顿。这种停顿有两种情况，一种是有意的。它是下属为观察一下领导对他谈话的反应、印象，以引起上司做出评论而做的，这时上司有必要给予一般性的插话，鼓励下属进一步讲下去。第二种停顿是思维停顿引起的，这时候领导应采取反问、提示方法，接通下属的思路。

另外，在业务时间进行的无主题谈话，是在无戒备的心理状态下进行的，哪怕是只言片语，有时也会得到意外的信息。

怎样面对下属的失误

下属工作出现失误，许多领导不分青红皂白就是一顿训责。这是一种极危险的做法。正确的做法应该是：

1. 主动承担责任并及时处理

主动承担责任能体现一个领导应有的气度和修养，也能得到员工们的理解和尊敬。切不可不问青红皂白，一味指责员工，一副居高临下、盛气凌人的作风。

虽说是属下惹的祸，但你硬要他自己去收拾残局。碍于职权的限制，他恐怕也不会取得什么满意的结果，很可能问题最后还要回到你这儿。倘若你亲自去处理，由于对问题不甚了解而心里没底，同样不利于问题的解决。如果你与当事的属下共同去接待来兴师问罪的顾客，不仅大大增加了解决问题的可能性，而且刚刚升职的你可能会受益匪浅。

首先，你的出现会赢得人心。在外人面前主动承揽责任，会减轻属下的思想包袱，他会感激你。同时也会赢得其他属下的人心，让人们看到你有敢于承担责任的勇气。其次，在解决问题和协调双方利益时，你的意见较具权威性，可以更好地维护部门利益。而你最能受益之处在于，通过此事你能掌握发生失误的具体原因，并联想到部门其他业务也可能出现的差错，以增强全局防微杜渐的意识。

2. 要宽容

对犯错误的人，需要严肃，也需要宽容。所谓宽容，就是按照允许犯错误并允许改正错误的原则办事，对犯错误的人采取宽恕的态度，实行从宽政策。特别是对于因大胆探索而造成失误、因经验不足而造成失败、因出现复杂的新情况而造成差错，更要宽容。如果偶有失误就严厉责骂，或把人撤掉，下属就会失去锐气，不敢再露头角，变成谨小慎微只求无过的人，对工作不敢进行任何创造，这样你所领导的集体自然也不会取得成绩。而且，如果犯过一次错误便毫不宽容，下级的更换势必频繁，领导岗位的稳定性、连续性将无法得到保证。这样做，实质上是不允许人犯错误。宽容是帮助的前提，不懂得宽容就谈不上任何帮助。但宽容不是无原则的迁就，不是宽大无边，而是在政策原则允许范围内，尽量做到宽大为怀。

3. 注意开导情绪、引导正确的方向

有的下属一旦出了差错，犯了错误，就陷入情绪低迷状态，把自己孤立起来，并从此一蹶不振。遇到这种类型，必须找下属做开导工作。要使其明白，出差错是难免的事。犯错误、失败都不可怕，可怕的是不懂得怎样对待错误。真正聪明、有作为的人，是善于从错误中学习的人。人若能从错误中真正学到知识，能力必然会有大的提升。在此基础上，你再指点他应该从哪里着手，先做些什么，后做些什么，以便尽快对失误进行补救，挽回丢失的面子，以新形象出现在众人面前。

事实证明，越是自尊心强的人，越是需要领导的引导。经过引导之后，那些人爱面了的心理就会转变为奋发图强的决心。

4. 为下属改正错误创造一个有利的环境和条件

下属犯错误后本身就有一种自卑感和压抑感，情绪低落。此时，做领导的要比平时更主动、更热情地接近他，关心、鼓励他，使他坚定改正错误的决心和信心。同时还要做他周围人的工作，让大家不仅不歧视他，而且要主动接近他，使他尽早摆脱低迷的困境。

工作上如何帮助下属

每位员工的能力都不一样，所以，给员工交代工作的方法，也须按各人能力的有所不同而区别对待。把工作委任给下属去做，是非常重要的事情，但要是员工能力不足，无法顺利完成工作，那么反而让他伤透脑筋。

所以，你应按对方的能力而委派工作，一旦发现对方的工作无法顺利进行时，就要协助他、支援他。如果工作没有顺利地完成，就认为都是下属过错，那么，事情是绝不能获得改善的。

不过，也须注意支援的方法。例如：有甲、乙、丙三个员工，把交给他们的工作目标都定为100，这时，假定甲拥有60、乙拥有40、丙拥有80的能力。

由此可得知，甲的能力尚差40，为了弥补这个不足的能力，当然要给他一点支援。但是，如果给他40的支援，那就不对了。此时，不管是给他支援或是直接做指示，都只能做到30的地步，要为甲留下一点发展的空间，才是正确的做法。

如果你补充了全部不足的能力，那么，甲的能力就无法得到提升。同时，更糟糕的是，甲会认为自己每当能力不够时，你就一定会竭尽全力支援他，因此将会产生依赖的心理。而倚赖心一旦产生，就是退步的开始。

简单地说，帮助下属时，要留下可以让对方发挥才能的余地。一个人要是拼命工作，其能力自然就会增长。如果你放松对他的要求，工作上大包大揽，太过于保护员工，将得到适得其反的效果。

如果继续采用这种方法，那么对乙就要帮助50，留下10让他自行发挥；对丙就可以不用支援，让他自己去做就行。就这样按照工作的难易程度和对方的能力，来判断他是否能顺利地完成工作。如果懂得这种现代管理方式去管理下属工作，员工就会迅速成长起来；要是主管不了解这个方法，员工将没有成长的机会。

然而，如果当员工有困难时不去帮助他，员工很可能就会失败，也就无法达到完成工作的目标。因此，把工作委派给员工时，须充分观察整个事件进展的状况或潜在的障碍。同时，也应该了解支援到何种程度才最恰当，并且别忘了留下让他发挥的余地。

简单地说，你要和下属分担工作，而更重要的是，你要留下适当的发展空间。

化解矛盾的方法

在这个世界上，矛盾无处不有，无所不在。领导无论如何优秀，与下属都会存在或多或少、或大或小的矛盾。上司与下属有矛盾是正常的，没有矛盾反而不正常。如何化解与下属之间的矛盾？——领导的思想水平，个性品质，管理才能，领导艺术，恰恰就体现在这里。

1. 正确地认识矛盾

正确认识矛盾，除了承认矛盾存在的正常性外，还要承认你与下属的矛盾是工作上的矛盾，是"人民内部的矛盾"。

2. 把矛盾消灭在萌芽状态

上下级相交往，贵在心理相容。相互在心理上有距离，内心世界不平衡，积怨日深，便会酿成大的矛盾。若要把矛盾消灭在萌芽状态并不困难。

（1）见面先开口，主动打招呼。

（2）在合适的场合，开个适当的玩笑。

（3）根据具体情况做些解释。

（4）对方有困难时，主动提供帮助。

（5）多在一起活动，不要竭力躲避。

（6）战胜自己的"自尊"，消除别扭感。

3. 允许下属发泄怨气

领导工作有失误，或照顾不周，下属当然会感到不公平、委屈、压抑。不能容忍时，他便要发泄心中的牢骚、怨气，甚至会直接地指责、攻击、责难领导。面对这种局面，你最好这样想：

（1）他找到我，是信任、重视、寄希望于我的一种表示。

（2）他已经很痛苦、很压抑了，用权威压制对方的怒火无济于事，只会激化矛盾。

（3）我的任务是让下属心情愉快地工作，如果发泄能令其心里感到舒畅，那就令其尽情发泄一番，再与他谈。

（4）我没有好的解决方法，唯一能做的就是听其诉说。即使很难听，也要耐着性子听下去，这是一个极好的了解下属的机会。

如果你这样想，并这样做了，你的下属便会日渐平静。第二天，也许他会为自己说的过头话，或当时偏激的态度而找你道歉。

4. 善于容人

假如下属做了对不起你的事，不必计较，而且在他有困难时，你还不能坐视不管。你要：

（1）尽力排除以往感情上的障碍，自然、真诚地帮助、关怀他。

（2）不要流露出勉强的态度，这会令他感到别扭。不感激你吧，不合情理，想感激你又说不出口，这样便失掉了行动的意义。

（3）不能在帮助的同时批评下属。如果对方自尊心极强，他会拒绝你的施舍，非但不能化解矛盾，还会闹得不欢而散。

得饶人处且饶人，容人者常容于人，很快忘掉不愉快，多想他人的好处，才能团结、帮助更多的下属。他们会因此而重新认识你。

5. 不要刚愎自用

出于习惯和自尊，领导总喜欢坚持自己的意见，执行自己的意志，指挥他人按自己的意愿行事，而讨厌那些你指东他往西的下属。

当上下级出现意见分歧时，用强迫的方式要求下属绝对服从自己，双方的关系便会紧张，出现冲突。战胜自己的自负，可用如下心理调节术：

（1）转移场合，转移视线，转移话题，力求让自己平静下来。

（2）寻找多种解决问题的方法，分析利弊，令下属选择。

（3）多方征求大家的意见，加以折中。

（4）假设许多理由和借口，否定自己。

6. 发现下属的优势和潜力

身为领导，最忌把自己看成是最高明的、最神圣不可侵犯的人，而认为下属毛病多，一无是处。对下属百般挑剔，看不到其长处，是上下级关系紧张的重要原因。研究下属心理，发现他的优势，尤其是发掘他自己也没有意识到的潜能，肯定他的成绩与价值，便可消除许多矛盾。

恩威并举，双管齐下

在一个寒冷的夜晚，东北某城市的一条不是很繁华的道路上几乎已经没有车辆行驶。这时从街中心的地下管道口钻出了几位衣着不俗的干部模样的人来。路旁的一个行人十分奇怪，想上前看个究竟，一看却怔住了，他认出这些钻出来的人，竟是经常在电视上出现的市政府的领导们！

原来，为了解决供暖故障问题，地下管道内有几名工人在紧急施工，市领导特意赶来并到一线表示慰问。

这个城市的市领导把群众的冷暖和困难时刻放在心上，他们在解决供暖管线紧急故障的问题时，没有忘记不畏严寒在地下管道中施工的工人们，这让路上的行人和施工的工人们深受感动。

有人认为，作为一个领导，要做到令出必行，指挥若定，就必须保持一定的威严，在领导与指挥业务上，没有令对方与下属感到畏惧的威慑力和专业正确的决策，是不容易尽责称职的。单是有一张和蔼的脸，靠一番感人的言辞所起的推动作用，可以说非常有限。

商场如战场，《孙子兵法》中有个关于"三令五申"的典故可以拿来借鉴。

当年吴王委派孙子训练宫中嫔妃成为娘子军。起初，嫔妃们觉得好玩，视同儿戏，成日嘻嘻哈哈。孙子一再劝说，并告诫不听命即要严惩，但没有人相信。其中吴王最宠爱的两个妃子最是不听命令，拿孙子的话根本不当一回事，结果三日过去，孙子行使无情军法，当场斩掉了那两个妃子，事后宫妃们顿时肃然起敬，令出必行，军容整顿，一切井井有条。

当然，威严也不等于整日板着面孔训人。只是在工作时对待下属必须令行禁止，说一不二。发现了下属的差错，决不姑息，立即指正，限时纠正，不允许讨价还价。要让下属产生敬畏之心，才会使你威严正直，在单位、企业中指挥自如，群众心服口服。

威严始终是领导层人士的一种气质，但恩威并施才能更好地领导下属。

但作为企业的领导，要实现自己的意图，必须与属下进行沟通，而富有人情味就是沟通的一道桥梁，它可以有助于上下双方找到共同点，并在心理上强化这种共同认识，从而消除隔膜，缩小距离。因此，领导应该是恩威并举。

所谓恩，不外乎亲切的话语及优厚的待遇，尤其是话语。要记得下属的姓名，每天早上打招呼时，如果亲切地呼唤出下属的名字，再加上一个微笑，这名下属当天的工作效率一定会大大提高，他会感到，领导是记得我的，我得好好干！

有许多身居高位的人物，会记得只见过一两次面的下属名字，在电梯或单位门口遇见时，点头微笑之余，叫出下属的名字，会令下属受宠若惊。

对待下属，还要关心他们的生活，聆听他们的忧虑，他们起居饮食都要考虑周全。

所谓威，就是必须有命令与批评。一定要令行禁止。不能始终客客气气，为了维护自己平和谦虚的印象而不好意思直接批评指正其问题。必须拿出做领导的威严来，让下属知道你的判断是正确的，必须不折不扣地执行。

领导的威严还表现在对下属布置工作、交代任务上。一方面要敢于放手让下属去做，不要自己包打天下；另一方面在交代任务后，还必须要检查下属完成的情况。

将恩与威调成一杯鸡尾酒，和自己的下属碰杯，才能驾驭好下属，让他们心悦诚服，发挥他们的才能。

女性领导如何管理下属

做领导难，做一名新上任的领导更难，而做一名新上任的女性领导更是难上加难。

无论你如何能干，一定会有人妒忌你，尤其是那些年纪比你大，资历比你深的人，他们会以为做领导的应该是他而不是你！许多公司的经营决策阶层对于提升一个女性，要比提拔一位男性小心谨慎得多，原因是一位女性领导要面对的下属负面情绪远比男性大得多。很多男人对于受到同性管理觉得理所当然，但是对受制于女性领导却非常敏感；而女性下属对于同性领导的态度，又很少有人是诚心诚意的。因此，假如你是女领导，你会发觉很少有人肯心甘情愿地为你工作……这时你在管理时所采用的方式，将会对你的管理效率产生极大的影响。

女性领导要成功地开展工作，需学会把男性的刚毅与女性的温柔艺术地结合起来。你可以尝试从以下几个方面着手。

1. 保持职业形象

在一般人观念中，女性领导给人的印象是判断力不强，胆量不够，眼光短浅，心胸狭窄。要改变这一不佳形象，唯有以实际行动来表现自己的能力，女性的妩媚温柔也要适当地收敛。第一件要做的事，就是叫男朋友或丈夫不要在你上班时老打来电话，也不要到公司常来接你，以显示自己的工作责任心及起码的独立能力。

美国形象顾问格兰克说："你在办公室中的威信，五成来自别人如何看你。"也就是说，让人认为你能力不凡，与你实际拥有能力一样重要。任何有损形象的行为，如一上台就脚软，动不动就脸红，一受挫就哭，或说话像非常幼稚的小女孩，这种种必定让你只在原地踏步……

在办公室中，你是一声令下众人称臣的铁娘子，还是三言两语就委屈掉泪的芭比娃娃？如何塑造一个专业形象，让你的上司认真看待你的能力非常重要。

一名24岁的大百货公司采购员小芳说："一次，我为公司争取到一个品牌产品的代理权，在与市场部开会时，副总裁竟然亲自主持。"

原本是一个表现才干的大好机会，小芳却紧张得涨红脸，结结巴巴。"当时，我若是将精神集中在公事上，而不是对自己的脸红太在意。那一切就会很顺利，怎料我却慌慌张张，令上级失去信心。"

过后，小芳的上司就减少她与高层接触的机会，令她空有才干而无法获得高层领导的赏识。

在工作中一遇困难便泪流成河，前途往往也会大江东去，当你在上司面前因工作问题而泪眼汪汪，则会让人认为你无法面对压力。

哭泣不但令你显得软弱、自制能力差，公司也会考虑到，在面对客户时万一你又哭起来，那公司的形象也会跟着受损，于是会在关键的岗位和工作上降低对你的信任度。

所以，如果你想成功，你就必须学习控制自己的情绪，处事不惊，一个训练方法是将自己"分裂"为两个人。当你早上换了套装，准备上班时，想象你同时"换"了一个人，这人专业而冷静。多加练习，自信便能提高。

2. 照章办事，公私分明

遇到涉及公事的事，要理智对待，不违原则。要果断敢言，维护公理，主动做出明智的选择，表现出刚毅果断的决断能力，决不能唯唯诺诺，处处让步。

3. 不要伤害男人的自尊心

其实，男性自尊心非常强而且脆弱，一旦遇到女人威胁到他的存在，便会产生抗拒心理。所以必须懂得在适当的时候维护一下他们的自尊，并夸奖他们一两句。在众多人面前，最好多赞美男性同事的工作成就，尽量避免产生不必要的误会。

4. 与男上司不要太亲密

也许男上司不会讨厌你的亲密，但在旁观者眼里，你是有野心和有企图的，随之而起的流言可能会使上司对你想入非非或敬而远之。

上下级之间的确可能建立友谊，但是自己一定要把握好友谊的分寸，过多地参与老板的秘密，就不太好了。亲密的关系有一种平等化的效应，这可能扭曲老板与你之间正常的上下级工作关系。即使老板对你吐露的秘密仅仅局限于公司内部的事情，这仍会带来许多人际间的麻烦。你介入得越深，越会发现自己的行动不自由。不过，闲时也可以彼此聊聊儿女的近况。现代成功人士总乐于展示他们贤夫良父的形象。无论他38岁还是58岁，儿女总在他生命中占有至关重要的位置。

第六章
掌握与朋友办事的技巧

　　一个篱笆三个桩，一个好汉三个帮。人们在日常生活中会遇到许多单凭个人力量无法解决的事，朋友们可以给予你无私的帮助使你渡过人生的难关。

朋友间办事的 5 个原则

千里难寻的是朋友，朋友多了路好走。依靠朋友办事，有以下 5 个原则。

1. 信任为本

信任既包含你对友人的信任，也包括友人对你的信任。朋友之间最基本的态度就是信任。如何赢得友人的信任呢？

当别人委托你做某件事时，你应该尽力去帮别人完成，不管对方是郑重其事地嘱托，还是口头上的请求，你都应该当做自己的事情一样来处理。如果实在难以完成，应尽力完成力所能及的部分，并向对方说明不能完成的理由并表示歉意，这样你就会赢得对方的信任。

当你委托友人办事时，要充分信任对方，委托给他的事情让他以自己的方式去处理，如果对方不能完成，并诚恳地阐述了理由，就应向对方致谢之后再另想办法。

2. 理解为桥

朋友之间还需要理解，理解是朋友之间的桥梁，了解你的朋友，会使你的朋友对你推心置腹，为你两肋插刀。

春秋时期的著名政治家管仲和鲍叔牙从小就是很好的朋友。长大后鲍叔牙要管仲同他一起去做生意，管仲觉得家里穷，没有本钱，很艰难，鲍叔牙便拿出自己的钱与管仲合伙做生意，当管仲赚到的钱多得了一些时，鲍叔牙理解管仲上有老下有小、家境不宽裕的处境，丝毫不为此感到不平。后来他们都成了齐国的官员，鲍叔牙在任时间长，官职却比管仲低，别人为他不平时，他自己却很理解管仲，准备辞职以减轻管仲的压力。无怪管仲感叹地说："生我者父母，知我者鲍君也！"管仲与鲍叔牙的友情，被誉为"管鲍之交"。

君子之交，贵在相互理解。稳固的友情是建立在充分理解之上的，因此要充分理解你的朋友，不要只站在自己的角度上想问题。

3. 宽容作舟

宽容是一种博大而深邃的胸怀，是人类的最崇高美德之一。《菜根谭》中有一句话："处事让一步为高，退步即进步的根本；待人宽一分是福，利人实利己的根基。"这是很有道理的话。

这个世界上形形色色的人都有，有道德高尚的君子，也有势利卑鄙的小人，人们之间发生冲突摩擦是难免的。但是以不同的态度对待冲突摩擦，却会产生截然不同的效果。有的人心胸狭窄，小仇必报，一点小的冲突也会上升为大的矛盾。而有的人则心怀宽广，容忍为先，善于大事化小，小事化了，使人们觉得他易于接触，因而朋友众多。

另外，得理不饶人绝对够不上宽容的美德。宽容的人，就算真理在手，与朋友交流时也要把调子降低三分，在不动怒的情况下和颜悦色地说服朋友。这样，你们的友情才能够得以维持，朋友也会认为你是一个心胸豁达的人。

4. 钱财分开

有些朋友之间由于交情很好，往往财物不清，"有钱同使，有衣同穿"，刚开始时感觉不错，时间长了往往会出问题，由于两个人开销会比一个人大，往往会在这方面谁多出了钱，那方面谁多占了东西等小问题上产生矛盾，久而久之，影响感情。

俗话说，亲兄弟，明算账。朋友之间的财物尽量不要混用，友情好是一回事，财物又是另一回事，在财物使用问题上，朋友之间要保持一定的距离，各人处理各人的财物，朋友之间只讲友情，不讲钱财，这样会避免一些可能发生的摩擦与冲突。

5. 适度迁就

做人应该有原则性，但是在某些条件下，适当地迁就一下朋友也是有必要的。

有时，由于某种客观因素干扰，别人虽然心存一片好心，却帮你坏了事，对于这样的情况，不要过多责怪别人，事情既然已经如此，就不必太过纠缠。但是如果事情严重伤害了自身的利益，则不能随便迁就了，而应根据事态的后果，酌情予以合理的追究，要保护自己的合法权利。

适当的"迁就"可以使你心胸宽广，使别人对你产生敬意，也可使你远离那种朋友之间耿耿于怀的折磨。

托朋友办事的 5 个方法

有时在你的生活中或事业中遇到一些事情，仅靠你自己势单力薄无法完成，需要靠朋友来帮忙才会成功，然而应该怎样争取朋友的支持呢？

1. 承认自己的不足，恳请朋友帮助自己

承认自己的不足，会给人一种被信任的感受，有助于对方接受你的请求。

2. 以适当的解释说服朋友

解释应简单明了，如果朋友对你的意图不理解而拒绝，适当的解释很有必要。

3. 以平等的身份来请求对方的支持

托朋友办事时不要像下命令似的差遣朋友帮你办事，而应在平等的基础上询问朋友是否愿意，或是否可以帮你办某事，这样朋友有一种被尊重的感觉，自然会愿意帮你。反之，若可怜兮兮地请求朋友帮你办事，朋友即使帮你办事，你在他的印象中也要失色不少。

4. 以朋友之情打动他

人被感动之后总是容易答应一些事情，你在托朋友办事时可以采取"感情攻势"，例如手足之情、知交之情、昔日之情、同学之情、同胞之情、战友之情，都是托人办事的良好润滑剂。

5. 以自己的实力为基础

你在托朋友办事时，如果附以自己干出的实际成绩，会显得很有说服力，也很坦诚，朋友在这种情况下，就会毫不犹豫地选择帮你。

哪些人不宜结交为朋友

前几天跟人聊天，我说："你作为赌鬼，你不是戒不了赌，你是戒不了那个叫你去赌博的人。如果你把那个人戒掉，你的赌也就戒掉了。"

老人们常说："人牵了不走，鬼牵了魂跑。"如果你是人牵了不走、鬼牵了飞跑的人，那真的要注意了。你身边的朋友可能是你人生最大的障碍，甚至是你人生走下坡路的重要祸端。就搂着你的双脚，让你永远飞不起来。应该如何提纯？如何回避？哪些朋友不能交？

1. 悖人情者不敢交

亲情、爱情都是人之常情，如果一个人的行为显示出他在人之常情中的处事态度十分恶劣，那么这种人是不能交往的。这种人往往极端自私，为达目的不择手段，并惯于过河拆桥、落井下石，因此，这种人不可交。

2. 势利小人不屑交

如果某人是非常势利、见利忘义的那种小人，这种人不适合作为朋友出现在生活中。

例如张三当总经理时，一位高层职员经常到张三家里坐坐，对张三奉承一番，外带一批上好礼物；而当张三下台，李四当上总经理时，这位高级职员马上到李四家里送礼，并数落张三的不是，将李四捧为最英明的领导。

势利小人的一个通病是：在你得势时，他锦上添花，当你失势时，他落井下石。他不懂得什么是真诚，他只看重权势与利益。因此，这种人不能交往。

3. 酒肉朋友不可交

"铁哥儿们"大碗喝酒、大口吃肉时，胸脯擂得震山响。但一旦真有啥事需要他们出手相援时，他们往往唯恐避之不及。《增广贤文》说得好：有酒有肉多朋友，急难何曾见几人。因此，"动口不出力"的酒肉朋友是靠不住的。

4. 两面三刀不能交

口里喊哥哥，手里摸秤砣；当面一套，背后一套。对这样的人应该小心防范，更别说跟他交朋友了。

《红楼梦》里的王熙凤，被人称为"明里一盆火，暗里一把刀"，表面上对尤二姐客套亲切，背地里却欲置之于死地而后快。与这样两面三刀的人交往时，应多注意他周围的人对他的反映，与这样的人在短期交往中，是很难发现这种性格特征的，但接触时间长了便会清楚明白了。

这种两面派是千万不能结交为朋友的，不然他会令你尝尽苦头。

朋友间办事的4种禁区

千里难寻的是朋友，朋友多了路好走。朋友历来是人生非常重要的助力者。在找朋友办事和帮朋友办事的过程中，我们尤其要注意少犯以下几种错误。

1. 临时抱佛脚

建立"关系"最基本的原则，就是不要与朋友失去联络。不要等到有麻烦时才想到别人，"关系"就像一把刀，常磨常用才不会生锈。若是长时间不联系，你们的朋友之情可能逐渐淡化。因此，主动联系就显得十分重要。

许多人都有这样的经历，当你发生了困难，认为某人可以帮你解决，本想马上找他，但后来想一想，过去有许多时候本来应该去看他的，结果没有去，现在有求于人就去找他，会不会太唐突了？甚至因为太唐突而遭到他的拒绝？这叫"平时不烧香，临时抱佛脚"。佛即使有再大的灵性，大约也不会帮你。

2. 有求必应

我们经常会陷入自寻烦恼的思想斗争中去是因为我们跳入别人的问题中去了。某人投给你一个忧虑，而你认为你必须接住它，并做出反应。例如，你实在很忙，这时一个朋友打电话来，用一种激动的腔调说："我的妈妈简直让我发疯。我该怎么办？"你不是说："我实在很难过，但我真的不知道该提些什么建议。"而是自动地接住这个球，并尽力去解决这个问题。然后，你感到压力重重或怨恨自己完不成计划，似乎所有人都在向你提出要求。

记住，"你不必一定要去接住这个球"，这是消除你生活中压力的一个非常有效的办法。当你的朋友来电话，你可以放下这个球，意思是，你不必仅仅因为他或她在请你加入，你就必须参与进去。如果你不吞下这个诱饵，那个人可能就会打电话给别人，看看他们是否会卷进来。

这并不是说你永不接球，只是说你这样做，是出于自己的选择。这也不意味着你不关心朋友，或是说你麻木不仁或毫无用处。建起一种更静的生活观，要求我们了解自己的极限及对此过程中我们应该在哪一部分负起责任来。我们的生活中每天许多球投向我们——在工作中或来于我们的子女、朋友、邻居、销售人员甚至是陌生人。如果我们接住所有投向我们的球，我们肯定会发疯的！关键是要知道，什么时候才去接另一个球，这样我们才不会感到被拖累、怨恨，或被压垮。

如果我们在朋友面前，被迫得"非答应不可"，而实际上明知这事自己无法适应时又怎么办？

对于自己根本没有能力办到或不想办的事情，最好及时地回绝。拒绝并不是简单地说一句："那不行"，而是要讲究艺术：既拒绝了对方的不适当要求，又不致伤害对方的自尊，也不损害彼此的关系。

须知，许了的愿，就应努力做到。因一时怕对方失望，乱开"空头支票"，愚弄对方。一旦自食其言，对方一定会更加恼火。

3. 热情过度

物极必反的道理同样适用于朋友之间的交往。

杰西克婚姻上遇到麻烦，妻子离开了他，投入了情人的怀抱。杰西克像所有被抛弃的男子一样，有点丧失事智，借酒浇愁，每天一下班就缠着希尔去酒吧，希尔的妻子为此常常抱怨他。为了躲避他，希尔与妻子躲进了旅馆，他知道今晚再也见不到那张熟悉的面孔了。

希尔解释说："我和杰西克的友谊是公司所有人都知道的，我们白天在一起工作，讨论问题经常会使我们口干舌燥。杰西克是个重友情的人，最早时，我们经常下班后去外面吃晚饭，顺便谈一些轻松的话题，后来我厌倦了，开始推托回家。

"可怕的是，在我借故离开后，他追到我的家里，他不再喝酒，只是没完没了地向我介绍他的想法，并经常说：'我们是世界上最好的朋友，胜过夫妻和所有的合伙人'。我不得不点头。

"天啊！这种事竟然持续了半个月，我和妻子的忍受力像加压的玻璃瓶马上就会爆炸，于是我在家里对杰西克的谈话置之不理，可这不能阻止他的谈话，并增添了他的抱怨，他说，不管怎么样希望我不要抛弃他。

"我和妻子商量了很长时间，决定在不能去欧洲旅行之前，只好先住进旅馆，等到杰西克恢复正常再说，其实，我心里十分清楚，他根本就没有什么不正常。只是希望我们的友情胜过一切，但他从来就没有注意一下我妻子气愤的眼睛。"

也许有很多人遇到过这种情况，朋友的热情让你害怕甚至恐惧。《友谊自天而降》一书中说："朋友之间各自的家庭、工作和其他社会环境，都不尽相同。作为朋友，如果不考虑实际，以自我为中心，强求朋友经常在一块与你厮守，势必会给他带来困难。"

此外，人与人之间的差异是必然存在的，交往的次数越是频繁，这种差异就越是明显，过分的形影不离会让最要好的朋友也厌烦你，以致最终离你而去。

4. 毫无顾忌

吃朋友的饭，穿朋友的衣，吃朋友的亏。人最容易在自己最好最亲密的朋友身上吃亏。

正如安全的地方，人的思想总是最松弛一样，在与好友交往时，你可能只注意到了你们亲密的关系在不断成长，每每在一起无话不谈。对外人你可以骄傲地说："我们之间没有秘密可言。"但这一切往往会对你造成伤害。

刘璐上大学后便违背了父母的意愿，放弃了医学专业，专心于创作。值得庆幸的是，偶然的机会她遇到了知名的专栏作家潘迪，她们成了知心朋友，无所不谈，潘迪悉心指教，刘璐不久便寄给了父母一张刊登自己文章的报纸。

一个人在挫折时受到的帮助是很难忘记的，更何况是朋友。刘璐与潘迪几乎合二为一了，一同参加鸡尾酒会，一同去图书馆查阅资料。刘璐把潘迪介绍给她所认识的人。

但这时潘迪面临着不为人知的困难，她已经拿不出与其名声相当的作品了，创造源泉几乎枯竭了。

当刘璐把她最新的创作计划毫无保留地讲给潘迪听时，她心里闪过了一丝光亮。她端着酒杯仔细听完，不停地点头，罪恶想法就产生了。

不久，刘璐在报纸上看到了她构思的创作，文笔清新优美，署名是"潘迪"。刘璐谈到她当时的心情时说：

"我痛苦极了，其实，如果她当时给我打一个电话，解释一下，我是能够原谅她的，但我整整面对那张报纸等了三天，也没有任何音讯。"

半年之后，刘璐在图书馆遇到了潘迪，她们互相询问了对方的生活，以免造成尴尬。然后很有礼貌地握手告别。

自那件事以后，她们两个人全都停止了创作。

好友亲密要有度，切不可自恃关系密切而无所顾忌，正如中国一句古话"见面只说三分话，未可全抛一片心"。亲密过度，就可能发生质变，好比站得越高跌得越重，过密的关系一旦破裂，裂缝就会越来越大，好友势必造成冤家仇敌。

如何请显赫的朋友帮忙

在一个人感慨"燕雀焉知鸿鹄之志"时，若遇上知心朋友，几杯下肚，总免不了发些"苟富贵，勿相忘"的慷慨之言。但事实是许多昔日的朋友显赫之后，并没有遵守自己的诺言，而是逐渐与原先那些状况并未多大改善的老朋友疏远了，甚至忘掉了老朋友，躲着老朋友。

老朋友疏远的原因很多，有可能是发达显贵的一方在人格上变得高傲，耻于与无权无势的旧交为伍了；有可能是他心情没变，因整天沉湎于繁杂的事务之中难以自拔，而无暇顾及他人；但也有可能是没有长进的一方妄自菲薄，因自卑而羞于交往。无论怎样，两者的交情是越来越淡薄了。

在这样的情况下，处在低层次的朋友如何向高层次的朋友求助，请求帮忙办事情。当然肯定是有被逼无奈非求不可的事了。因为求老朋友必然要比求陌生人要好得多，至少双方曾经有过很深的交情。再者，跟老朋友说话总比跟陌生人好开口得多，就是送礼还能找着门口呢。在这种情况下不妨采用以下四种方法。

1. 带上见面礼

因多年不见，就算是老交情，带点礼物上门，也是非常自然的，更是情感的体现。礼物不在多少，它能有把这多年没有交往的空缺一下子填补之功效。当然，礼物最好是对方旧有的嗜好，也可以是土特产，也可以是烟、酒及钱。

礼物不同，见面时的说法也不同。若是旧友的嗜好之物，就说是"特意给老兄（老弟）的，我知道你最喜欢这东西"；若是土特产，就说是"带给嫂子（弟妹）和孩子尝尝的"。至于钱或贵重的礼物最好不要送，一则对方并不缺，二则太俗，三则令自己投资太大。走进了门，便有了开口求老朋友办事的机会了。总之，得带点什么才行。

2. 唤起回忆

这是此次拜访的最重要的办事基础，因为回忆过去就唤起了对方沉睡多年的交情，这交情才是对方肯为你办事的前提。

回忆过去，闲聊往事，也有个当与不当的问题。当年朱元璋做了皇帝以后，先后有两个少时旧友来找他求官做，一个当众说了直话，引起了他出身贫贱的尴尬，结果被杀了头。

与朋友及家人闲聊过去，如果是当着他的孩子和老婆，要尽量少去提及对方让孩子老婆成为笑料的"乐事"及尴尬事，这样可能会伤害对方在家庭中的权威，引起对你的反感，而达不到办事目的。

3. 以言相激

"无事不登三宝殿"。长时间的没有来往，此次突然来访，对方便知道你有事要求于他。他若不愿帮忙，一进门就会显得非常冷淡，当你把事提出来的时候，他会现出含含糊糊的拒绝态度。这可能是在你的意料之中，这时，你就得把"死马当成活马医了"。"以言相激"不失为一种扭转对方态度、继续深入的好方法。

比如，你可以说：

"你是不是觉得，我这事给你找的麻烦太多？"

"我知道只有你能帮我，所以我才来找你的，否则，我能大老远地跑到你这里来吗？"

"我想你有能力帮我，再说这事也不是什么违背原则的事。"

"我临来之前，跟亲友都打过保票了，说这事到你这里一办就成，难道你真让我回家无脸见人？"

以言相激也必须掌握分寸，若是对方真的无能力办成此事，我们也不能太苛求人家，让人家为难，更不能说出绝情绝义的话，伤害对方。只有你了解了对方确实有"多一事不如少一事"的心态时，才可以以言相激，逼他去办。

如果他真的帮你去办事，不管办成没办成，事后，你都应该说个道谢的话，这样会显得你有情有义。

4. 以利益驱动

如果你了解到这事办成的难度较大，或者对方是一个见钱眼开的人，即使他帮你办成，也会留下一个天大的人情。这样，你不妨干脆以利益驱动。

如果你把实情道出，说这是我自己的事，事成之后，我给你多少多少好处，对方可能会碍于老朋友的面子不好接受。那么，这时你可以谎称这事是别人托你办的，事后可以怎么怎么的，这样，对方就会很坦然地接受，有时，你也可以显得不卑不亢，事后也避免留下还不完的人情债。其实，这也是当今社会很普遍的办事方法，运用这种方法办事，成功率往往很高。

第七章
感恩做人，低调处世

在我们身边，为什么有的人活得那么累？有的人却活得那么轻松呢？活得累的人，不一定是穷人，不一定是恶人；活得轻松的人，不一定是富人，也不一定就是好人。但是，为什么有的人就那么招人喜欢，而有的人就那么让人厌恶呢？

其中，有一个如何做人的问题。人要想活得不累，活得自如，活得让人喜欢，最简单不过的办法，就是学会感恩做人、低调处世。感恩做人和低调处世，可以让你与周围的人和谐相处，还能让自己厚积薄发，终有一天会破茧成蝶。

做人要懂得感恩

　　物欲炽热、人心浮躁，似乎不少人已经淡忘了"感恩"二字。大家都喜欢伸出双手说："给我，给我!"却不愿说："拿去，拿去!"那些要了还想要，总是不满足的人，怎么知道感恩呢?

　　在大山的深处，有一对相爱的年轻恋人。姑娘家境较好，小伙子是邻村十多里外的一个孤儿，家中一贫如洗。两人的恋情被姑娘的家长得知后，姑娘的母亲找到了小伙子的家，搬条凳子在他的家门口骂了三天三夜，谁也无法劝阻。乡下妇女的嘴巴，自然是什么脏话丑话都讲得出口的。有道是"贫贱夫妻百事哀"，其实贫贱的恋人又何尝有好日子过? 就算你们甘于过贫贱而又平静的日子，也总有人让你们不得安宁。

　　小伙子无奈，只得走出深山，外出求发展。出门在外的艰辛自不必多提，多年以后，小伙子拥有了一家工厂。他一直单身，单身的原因不是经济问题，而是心里总是放不下昔日的恋人。刚出门的头几年，因为日子一直过得窘迫，不好意思回乡，也觉得没脸联系昔日的女友。后来慢慢地发达了，又因为时间的久远而心生犹豫：她嫁了吗? 一定嫁人了吧? 乡下的女人快到三十岁若还没嫁出去，流言成天会如刀子一样往她身上戳。而如果嫁了的话，我再联系她，岂不是扰乱她平静的生活?

　　小伙子这时已经年届三十了，想的事自然会长远些，做的事自然也会稳重些。应该理解他的谨慎与犹豫，这是一个理性男人正常的反应。于是，在犹豫之中，时间又过去了几年。伴随而来的是：小伙子的事业也做大了不少，工厂从小到大，资产上了百万。

　　三十多岁的男人——这样称他为小伙子似乎不太恰当了，终于在事业完全步入正轨后，冷静地梳理了自己的感情。他决定回一次家，给困扰在自己心头十多年的感情一个交代。

于是，在大山中的乡村小道上，男人驾驶一辆帕萨特回到了家乡。刚到姑娘家时，男人还没有停车就看到了姑娘的身影。姑娘还是那个姑娘，没有嫁；男人还是那个男人，没有娶。后来的情节的发展自然是皆大欢喜。值得一提的是，姑娘的母亲对女婿一再赔不是，男人却说："不，我理解您当时的心情，谁不希望自己的孩子找一个好的人家呢？同时，我要感谢您，是您让我有了今天，也是您为我生养了我至爱的妻子。"是啊，没有岳母，他哪会走出大山？即使走出了大山，哪会有那股子冲劲和闯劲？最重要的是，没有岳母，哪里有妻子？

说完之后，男人转身对妻子说："还有，我要感谢你，感谢你在我一贫如洗时看上我，是你的爱给了莫大的勇气与毅力。"

这是一个略带忧伤的喜剧。类似的剧情在我们生活中其实经常上演，只是有的演成了喜剧，有的演成了悲剧。其中的细微差别往往是：是否有一颗感恩的心。一个有感恩之心的人，看待问题不会偏激，想事情不会光顾自己。这样的人，谦卑平和而又优雅。

心存感恩，生活中就会少些怨气和烦恼；心存感恩，心灵就会获得宁静和安详。心存感恩地生活，就会敬畏地球上所有的生命，珍爱大自然一切的恩赐，时时感受生活中众多的"拥有"，而不是缺少。

不要以自我为中心

一头骆驼辛辛苦苦地从沙漠一边走到另一边，一只苍蝇趴在骆驼背上，一点力气不花也过来了。

苍蝇讥笑骆驼说："骆驼，谢谢你辛苦把我驮过来，我走了，再见！"

骆驼看了一眼苍蝇，"你在我身上的时候，我根本就不知道，你走了，也没必要跟我打招呼，因为你根本就没有什么重量。"

在现实生活中，也有一些"苍蝇"式的人，他们习惯以自我为中心，总把自己看得很重。他们总以为自己博学多才，满腹经纶，是干大事、创大业的料，而别人这也不行，那也不行。如此，自己一旦遭遇失败，就会牢骚满腹，感觉怀才不遇，以致心理失衡，容易变得孤立无援，停滞不前。

法国电影明星洛依德好容易才摆脱了狗仔队，将车开到修检站。一个年轻的女工接待了他。女工熟练、灵巧的双手，俊美的容貌一下子吸引了洛依德。

整个巴黎都知道洛依德，他的"粉丝"无数，走到哪里他都是目光的焦点。经常有潮水般的年轻女孩围绕在他周围，为他的出现而激动、尖叫，甚至哭泣。而如果有谁得到了他的一个签名，会幸福得要眩晕似的。可是，奇怪的是，眼前这位姑娘丝毫不表示惊异和兴奋。

"你喜欢看电影吗？"洛依德忍不住问道。

"当然喜欢，我是个影迷……"

女孩手脚麻利，很快修好了车。"您可以开走了，先生。"

洛依德却依依不舍："小姐，你可以陪我去兜兜风吗？"

"不！我还有工作。"

"可是，这同样也是你的工作，你修的车，最好亲自检查一下。"

"那么，好吧，是您开还是我开？"

"当然我开，是我邀请您来的嘛。"

车子平稳地行驶，证明车况良好。

"看来没有什么问题，请让我下车好吗？"

"怎么，你难道不想再陪一陪我了，我再问你一遍，你喜欢看电影吗？"

"我回答过了，喜欢，而且是个影迷。"

"那么，你不认识我？"

"怎么不认识，您一来我就看出您是当代影帝阿列克斯·洛依德。"

"既然如此，你为何对我如此冷淡？"

"不，您错了，我没有冷淡，而是没有像一些女孩子那样狂热。您有您的成就，我有我的工作。您来修车是我的顾客。如果您不再是明星了，再来修车，我也会一样地接待您。人与人之间不应该是这样吗？"

洛依德沉默了。在这个普通女工面前，他感到自己的浅薄与虚妄。

"小姐，谢谢！你使我意识到应该认真反省一下自己的价值，好，现在让我送你回去。"

别把自己太当回事，即便你是"整个巴黎都知道"的"洛依德"。这并非是妄自菲薄，也并非是对自己能力的否定，更非对自我的瞧不起。恰恰相反，别把自己太当回事，这是出于对自己正确客观的认识，从而让自己更好地相信自己，勇于去挑战、去追求，让生命走向一次又一次的辉煌与卓越。

古往今来，没有谁是世界的中心，也没有谁一直都是所有人注目的焦点。叱咤风云的政治家，转眼间就被人抛诸脑后；大红大紫的明星在风光之后，能被大家记住的又有几人？伟人名人尚且如此，那么，卑微如我等的一介草民，又何必有意无意地高估自己，自以为是世界的中心呢？

为人处世，不妨看轻自己，生活中就会多几分快乐。在家庭中，不妨看轻自己，不要把自己当成"一言九鼎"的家长，才能更好地与孩子沟通，与爱人和谐相处；在事业上，即使春风得意，也不妨看轻自己，不要把自己当成众人之上的"楚霸王"，这样才能结交更多志同道合的盟友，听取更多有益于事业发展的意见。

能够看低自己，是一种风度，一种修养，一种境界。能够看低自己的人，懂得自己只是芸芸众生中的一分子，不会自高自大、自命不凡；能够看低自己的人，懂得脚踏实地，从最基本的事情做起，不会好高骛远，眼高手低。能够看低自己的人，懂得只有努力奋斗，开拓进取，才能一步一个脚印地攀登人生的高峰。

别把自己看得太重，并不是无端地贬低自己，也不是消极颓废、自怨自艾、自暴自弃。而是对自己的正确把握和准确定位，是人生的一种智慧和策略。别把自己看得太重，就会拥有一个更加真实、更加丰富、更加美好的人生。

做人要低调

低调做人意味着你要放弃许多架子，放弃许多充大、装相、张扬和卖弄的虚荣表现，放弃许多假正经、假道学、假圣人的虚伪面孔。

人人都有架子，只是架子有大小、多少区分以及所针对的人或事不尽相同罢了，无论家庭、单位、社会，架子都无处不在。褒义上的架子应当是尊严、气质、性格上的完美结合，体现了真、善、美的展示；贬义的架子则是庸俗、高傲、手段的个性张扬，体现的是假、恶、丑的一面。放下架子，就是要在生活当中摒弃贬义上的架子，还人的本来面目，崇尚人间美好、和谐、真诚的传统，使我们本身具有的人格魅力一览无余，这也是处世平等、人性化的根本要求。

俗话说："骡马架子大了能驾辕，人架子大了不值钱。"人们还把架子戏谑为"臭架子"，可见对其厌恶之深。常听人们说"某某人没架子"，这是对一个人发自内心的褒奖。而那些有一定权势有一定地位的人，念念不忘自己的"身份"，常常放不下架子，总好摆谱，以为那样能显示自己的"身价"与"威风"，结果摆来摆去，反倒让人觉得是一种虚伪和浅薄。

人一旦有了架子，就好比盖楼时搭的架子，架子可以把人抬到与楼一般高，没有了架子，人就达不到那样的高度。但有了"架子"很不方便，弯不下腰，转不了身，脖子和眼睛都不灵活。"架子"看上去威风得很，其实虚弱得很。

赵玉平老师在《百家讲坛》曾经讲过龙永图的故事。

我国前外贸部副部长、博鳌亚洲论坛秘书长龙永图，曾多次谈起他在国内外两次不同的经历。这两次经历给他留下了深刻的印象，让他进一步认识到了什么叫放下架子。

一次，龙永图乘飞机去某地开会，登机前在候机室里休息。突然传来一阵十分嘈杂的声音，热闹的气氛顿时弥漫了整个候机室，吸引了众多旅客好奇的眼球。龙永图也和大家一样，不由得近前观看。这一看，再一打听，令他十分震惊：原来是某县一位县委书记要出国"考察"，属下几十号人为了向领导献殷勤，争先恐后地前来送行。

出差回来后，他和同事谈起此事，感触颇深：这就是角色意识的一种错位，错得令人生厌，令人可怕！

龙永图经常出国参加一些国际性会议。他十分讨厌讲排场，也讨厌没完没了的致辞，而最喜欢人家这样介绍自己："这是来自中国的龙永图，下面请他讲讲中国经济。"

一次，他出席一个国际性会议，地点设在意大利的一小镇，会场上既无豪华摆设，更没有设领导席、嘉宾席，大家都坐着一样的普通长凳，就像农村开会时坐的长凳一般。与会者全是国际上有头有脸的重要人物，他们按照到来的先后顺序随意就座。龙永图刚在一条长凳上坐下，随后有一老太太独自进来，向他礼貌地点了点头，然后很自然地坐在他的旁边。这时会议还没有开始，老太太与他寒暄了很长时间。

龙永图一直忘了问老太太的身份。会议结束后，他向会议组织者打听，"请问，刚才坐在我旁边的那位和蔼可亲的老太太是谁？"

会议的组织者对他的提问感到十分惊讶，反问龙永图："你真的不认识她吗？"

龙永图如实回答说："不认识。"对方这才说："她就是荷兰女王啊！"

对于这件事，龙永图感触颇深：她哪里像个女王啊？丝毫没有王者的气派和威严，简直就是一位邻家大妈！这也是角色意识的错位，但错得让人可爱可亲可敬！

成功者往往是恪守低调作风的典范。低调的人容易被人接受。低调做人不仅是一种境界、一种风范，更是一种思想、一种哲学，需要把架子完全抛弃。

从一定意义上讲，放下架子，就是自己解放自己，只有这样，才能放下包袱，轻装前进。一个人真正放下了架子，就会真正正视现实，在人生道路上就能多几分清醒，就能带来缘分、带来机遇、带来幸福。放下架子即智慧，放下架子即欢乐，放下架子即财富。

有一位中专毕业生，刚开始在一家公司应聘了一份低薪的体力工作，几个月后，老板逐渐发现其能力不俗，于是委以重任，而该中专生因为有了基层工作的积累，在高管的位子上一点架子都没有，工作开展得如鱼得水，成就非凡……在此，我们需要效仿的，除了"低就"的就业策略，更重要的是成熟、务实的心态。有些人认为放下了架子就会丢了面子，有了面子就可以端起架子。殊不知，如果真能放下架子，说不定会争得更多的面子。

将心比心，以心换心，谁也不会因为你放不下架子反而会给足你面子。所以看轻面子，放下架子，踏踏实实做事，轻轻松松做人，岂不乐哉！

低调是一种优雅的人生态度。它代表着豁达，代表着成熟和理性，它是和含蓄联系在一起的，它是一种博大的胸怀、超然洒脱的态度，也是人类个性最高的境界之一。

有本事的人不吹嘘

有些人为了赢得别人更多的关注、认同和推崇，或为了向他人推销和兜售自己，不惜哗众取宠，竭尽鼓吹和炫耀自己之能事，大谈当年如何春风得意，却矢口不提碰霉头、掉链子的困窘；大谈当年过五关、斩六将的豪壮，却从不提败走麦城的狼狈。

诚然，卖弄自己之能，吹嘘自己的风光之事和得意之事，能赚到一些艳羡，却也会招来一些妒忌、反感甚至厌恶。爱自我夸耀的人，是找不到真正的朋友的。因为他自视清高，鄙视一切，不大理会别人的意见。这种人只会吹牛，朋友们避之唯恐不及。这种人常自以为最有本领，觉得干什么都没有人比得上他，瞧不起别人，结果使自己成为孤立者。

小乌贼长大了，乌贼妈妈开始教它怎样喷"墨汁"来保护自己。

乌贼妈妈说："每只乌贼都有自己的墨囊，在遇到敌人时，可以喷发墨汁来掩护我们逃跑。"小乌贼在妈妈的指导下，果然能喷出又黑又浓的墨汁了。

自从小乌贼学会了喷墨汁的本领，就总是向它的伙伴小海蛾、小海参、小虾鱼炫耀自己。小海参说："小乌贼，喷墨汁确实是你的本领，但也不应该总是拿出来炫耀啊！你应该学一些新的本领。"小乌贼听了很不服气地说："真讨厌，用得着你来教训我。"然后它发怒了，喷出一股浓浓的墨汁，它的小伙伴们吓得东躲西藏，还把附近的海面弄得乌烟瘴气的，自己也搞不清方向了。这个时候，一条大鱼向它扑了过来，小乌贼急忙喷墨汁，但是它的墨囊里已经没有墨汁了，看着大鱼越来越近，小乌贼慌了。就在这关键时刻，小海参冲了过来喊道："小乌贼，快闪开。"就在大鱼马上要吃掉小海参的时候，小海参丢出来一串肠子。

大鱼离开后，小乌贼羞愧地说："小海参，原来你也有保护自己的方法啊！"小海参说："抛给敌人肠子是我们保护自己的本能，没什么好炫耀的，好多生物的本领都比我们强很多。"小乌贼听后惭愧地低下了头。

真正有本事的人很少向别人炫耀自己。西班牙哲学家格拉西安所著的《智慧书》上说：不要对每个人都显露同样的才智；事情需要多大的努力就只付出多大的努力。不要徒费你的知识和才德。优秀的养鹰者只养自己用得上的鹰。不要天天露才显能，否则要不了多久，人们再也不觉得你有什么稀奇处。所以你总是要留有一些绝招。假如你能经常崭露那么一点点新鲜的才华，则人们就总是会对你抱有期望，因为他们弄不清你的才华究竟有多么的深广。

有一个大学毕业生，头脑灵活、思路敏捷，看起来确实很聪明，也很能干。一次，他去一家大宾馆应聘。主持面试的客户部经理，在同小伙子谈完一般情况后，便问道："我们经常接待外宾，是需要外语的，你学过哪门儿外语，水平如何？""我学过英语，在学校总是名列前茅，有时我提出的问题，英语老师都支支吾吾地答不上来！"他不无自豪地说。经理笑了一下又问："做一个合格的招待员，还要有多方面的知识和能力，你……"经理的话还没说完，他便抢着说："我想是不成问题的，我在校各门学习成绩都不错，我的接受能力和反应能力都很快，做招待员工作绝不会比别人差。""那么说，就你的学识来说，当一名招待员是绰绰有余了？""我想，是这样。""好吧，就谈到这里，你回去等消息吧。"大学生沾沾自喜地回去等消息了，可等到的消息却是不录用。

小伙子本来想自夸一番，以便获得经理的信赖，没想到结果是抬高自己，反而给别人留下坏印象，失去了别人的信任。一个人若真正具有某种本领或才智，早晚会有施展的舞台，是会得到别人的公正赞许的，这赞美的话只有出自别人之口，才具有真正的价值。

滥用夸张的词语是不明智的，这种词语既悖真理，又使人对你的判断心存疑虑。说话夸大其词，等于是把赞美的词儿到处乱扔，这暴露出你知识欠缺、品位不高。夸大其辞招来好奇心，好奇心产生欲望，等后来人们发现你言过其实时，常常会因此感到他们原来的期待心受了愚弄，于是生出报复心理，将赞美者和被赞美者一股脑儿踏倒。所以，谨慎的人知道节制，与其言过其实，不如言之未足。真正的卓越非凡十分罕见，所以你不宜滥下褒词。言过其实等于是一种说谎，可能会毁坏别人原本以为你有真才实干的印象，或者甚而至于毁坏你智慧过人的名声。

总之，一个人在为人处世之中尽量少谈自己风光的事，实在要谈，也要看对象和场景，切勿给人造成出风头、强显自己的印象。与其炫耀自己之能，不如夸赞他人之功，把荣耀给身边的人，把风光给同行的人，也许会赢得更多称许和美誉。

老鹰站在那里像睡着了，老虎走路时像有病的模样，这就是他们准备狩猎前的伪装。所以一个真正具有才德的人要做到不炫耀，不显才华，这样才能很好地保护自己。

第八章
尊重别人就是尊重自己

你要面子，我也要面子。要怎样才能你有面子、我也有面子？

有句老话这样说：你敬我一尺，我敬你一丈。这句老话说明了"我敬你"与"你敬我"之间的辩证关系，说明要获得尊重，首先要懂得尊重别人。

让别人有了面子，别人自然也会投桃报李，让你也有面子。反之，大家为了面子争得个斗鸡眼似的，结局自然是满地鸡毛、一片狼藉。

死要面子活受罪

托人办事找面子，受人之托靠面子，吃喝穿戴讲面子，风花雪月看面子，左右逢源有面子，前呼后拥显面子，欲盖弥彰假面子，不好意思爱面子…

面子贴在我们脸上，像一层纸，薄薄的，但我们始终难以捅破它。常言道："死要面子活受罪"，太爱面子的人，不断给自己脸上增加面具，以至于常常为面子所累、所害。

三国时期，曹操实际上拥有皇帝之权，一切朝政大事皆由他掌管。献帝只是后宫的男主人，有时甚至连后宫也管不了。一切生杀大权都在曹操手上，只不过曹操还缺一件黄袍子罢了。这时孙权来信怂恿曹操称帝。曹操不上当，袁术却傻乎乎地在公元197年称帝。结果，引来各路诸侯争相讨伐，不到三年就死于亡命途中。袁术真应了曹操的话"慕虚名而处实祸"！俗话说"人活一张脸，树活一身皮"，要面子是人之常情。但是，千万不能把"要面子"与"死要面子"混为一谈。真理迈过去一步就是谬论，从"要面子"迈过去一步，变成了"死要面子"。而"死要面子"，其结果往往是"活受罪"。

留心观察我们的周围，就会发现，有很多死要面子活受罪的人。比如，一个人遇到一个朋友来借钱，自己没有财力，为了不让朋友瞧不起，从邻居那里借来钱给了那位朋友。这个人觉得拒绝别人的要求，就是无能的表现，为了维护自己的尊严宁可让自己受罪或损失，只有这样才让人觉得很了不起，虚荣心也得到了很大的满足；又如，一个刚刚发财的个体户，首先考虑的不是扩大再生产而是购买一辆奔驰或宝马之类的好车，威风八面，不然总担心谈判时别人瞧不起；还比如，我们在宴请宾客的饭桌上，为了显示对客人的尊重，不断地点菜，丰盛之至，总觉得剩下的越多就越有面子，吃得一干二净就是没有面子，以至于铺张浪费。

要面子是攀比心理的伴生物，总是怀着一种不比别人差或超过别人的心理，来显示自己的价值。其实，这种不务实际的心理焦虑，等于为自己设置障碍。人各有所长，也各有所短。以己之短，追慕他人所长，常常力所不及。如果能够摒弃这种以虚假的幻象来掩盖自己的攀比心理，就会正确地认识自我，发现自己的长处，感觉到别人也有不如自己的地方，不再为自己不如别人而苦恼。只有具备这种心态，才能自得其乐，摆脱心理焦虑的苦恼。

打肿自己的脸，红肿之处肌肉丰满，红光满面，绝对是一副大亨发达的模样，容不得别人有半点怀疑。但是，他内心深处却在火辣辣的疼痛，在别人的夸奖中独自吞咽着这实实在在的苦果。

西汉时，有个叫胡常的老儒生和儒生翟方进一起研究经书。胡常先做了官，但名誉不如翟方进好，在心里总是嫉妒翟方进的才能，和别人议论时，总是不说翟方进的好话。翟方进听说了这事，就想出了一个应付的办法。

胡常时常召集门生，讲解经书。一到这个时候，翟方进就派自己的门生到他那里去请教疑难问题，并一心一意、认认真真地做笔记。一来二去，时间长了，胡常明白了，这是翟方进在有意地推崇自己，给自己面子。想到这里，胡常心中十分不安。后来，在官员中间，他再也不去贬低而是赞扬翟方进了。

如果说翟方进以尊敬对手的方法转化了一个敌人，那么王阳明则凭给面子保护了自身。明朝正德年间，朱宸濠起兵反抗朝廷。王阳明率兵征讨，一举擒获朱宸濠，建了大功。当时受到正德皇帝宠信的江彬十分嫉妒王阳明的功绩，以为他夺走了自己大显身手的机会，于是，散布流言说："最初王阳明和总督军朱宸濠是同党。后来听说朝廷派兵征讨，才抓住朱宸濠以自我解脱。"想嫁祸并抓住王阳明，作为自己的功劳。

在这种情况下，王阳明和总督军张永商议道："如果把擒拿朱宸濠的功劳让出去，可以避免不必要的麻烦。假如坚持下去，不做妥协，那江彬等人就要狗急跳墙，做出伤天害理的勾当。"为此，他将朱宸濠交给张永，使之重新报告皇帝：朱宸濠捉住了，是总督军们的功劳。这样，江彬等人便没有话说了。

王阳明称病休养到净慈寺。有了面子的张永回到朝廷，大力称颂王阳明的忠诚和让功避祸的高尚事迹。皇帝明白了事情的始末，免除了对王阳明处罚。王阳明扯下自己的面子给别人，避免了飞来的横祸。

在给人面子时，紧紧抓住这两点，找到别人最在乎的东西并以适当的途径和方式满足对方，往往会使别人感到一种超乎寻常的满足，别人对你提供的东西满意，你也就能从中获得极大的好处，达到自己的原来目的。

19世纪法国大作家雨果曾说过："世界上最宽阔的东西是海洋，比海洋更宽阔的是天空，比天空更宽阔的是人的心灵。"我们应该像大海一样笑纳百川，像天空一样任鹰翱翔，像高山一样簇拥群峰，摒弃自大、自负和自满，毫不吝啬地对别人的才智、德操、品行送上一句由衷的赞美吧。

不要揭人之短

金无足赤，人无完人；凡人皆有其长处，亦必有其短处。对待他人的短处，不同的人则有不同的方法。有的人在与他人的谈话中，尽量多谈及对方的长处，极力避免谈及对方的短处；也有的人专好无事生非，兴波助澜，有声有色地编造别人的短处，逢人便夸大其词地谈论别人的短处；有的人虽无专说别人短处的嗜好，但平时却对此不加注意，偶尔也不小心谈到别人的短处。

每一个人都有自身无法消除的弱点，就像个子矮是天生的一样。如果我们老是把眼光盯在别人的弱点上，总是将别人的弱点当成攻击的对象，那么只会出现两种情况：一是别人不愿意再与你交往。如此一来，你的朋友会越来越少，别人都躲着你，避开你，不与你交往，直到剩下你自己孤家寡人一个。二是别人也对你进行反攻，揭露你的短处。这样势必造成互相揭短、互相嘲笑的局面，进而发展到互相仇视。如此结局，相信没有人愿意"享受"。

在我国，历史有所谓"逆鳞"之说。据说在龙的喉部下，大约直径一尺的部位上长有"逆鳞"。这是龙身上最痛的地方，如果有谁不小心触摸到这一部位，必定会被激怒的龙所杀。

事实上，无论多么高尚伟大的人，身上都有"逆鳞"存在，这就是每个人身上最不愿意被提及的痛处。一旦这个痛处被击中，必定会引起他们的剧痛与反击。所以，有一句俗语说：打人莫打脸，揭人莫揭短。打人不打脸，骂人不揭短。没有一个人愿意让别人攻击自己的短处。若不分青红皂白，一味说对方的短处，其结果往往是引发唇枪舌剑，两败俱伤。

有位文化界人士，每年都会受邀参加某单位的杂志评鉴工作，这工作虽然报酬不多，但却是一项荣誉，很多人想参加却找不到门路，也有人只参加一两次，就再也没有机会了。问他为何年年有此"殊荣"，他在退休后才终于公开秘诀。

他说，他的专业眼光并不是关键，他的职位也不是重点，他之所以能年年被邀请，是因为他很会给"面子"。他说，他在公开的评审会议上一定把握一个原则：多称赞、鼓励而少批评，但会议结束之后，他会找来杂志的编辑人员，私底下告诉他们编辑上的缺点。因此，虽然杂志有先后名次，但每个人都保住了面子。而也就因为他顾虑到了别人的面子，因此承办该项业务的人员和各杂志的编辑人员，大家都很尊敬他、喜欢他，当然也就每年找他当评审了。

在社会上行走，"面子"是一件很重要的事，为了"面子"，小则翻脸，大则会闹出人命。如果你是个只顾自己面子，却不顾别人面子的人，那么你必定会为此付出沉重的代价。

在我们与人相处时，即使知道对方的这些短处，也应当尊重他们，不能有意或无意中伤害他们。不张扬或挖苦他人的短处，不仅体现了你的品质和修养，还会使这些人对你敬重有加，从而更愿意向你倾吐生活中遇到的烦恼和困惑。

得理须让人

不知你有没有发现：人们对待自己的过错，往往不如对待别人那样苛刻。原因当然是多方面的，其中主要原因可能是我们对自己犯错误的来龙去脉了解得很清楚，因此对于自己的过错也就比较容易原谅；而对于别人的过错，因为很难了解事情的方方面面，所以比较难找到原谅的理由。

大多数人在评判自己和他人时，不自觉地用了两套标准：恕己从宽，责人从严。例如：如果我们发现了旁人说谎，我们的谴责会是何等严酷，可是哪一个人能说他自己从没说过一次谎？也许还不止一百次一千次呢！

或许是生活中有太多需要忍耐的不如意：被老板骂了，被妻子怨了，被儿子气了……这些都似乎需要无条件忍耐。有的人忍一忍，气就消了；有的人忍耐久了，心中的不平之气就如堤内的水位一样节节攀升。对于后者来说，一旦逮得一个合理的宣泄口子，心中的怒气极易如洪水决堤般汹涌而出，还美其名曰"理直气壮"。

做人要学会给他人留下台阶，这也是为自己留下一条后路。每个人的智慧、经验、价值观、生活背景都不相同，因此在与人相处时，相互间的冲突和争斗难免——不管是利益上的争斗还是非利益上的争斗。大部分人一陷身于争斗的旋涡，便不由自主地焦躁起来，一方面为了面子，一方面为了利益，因此一旦自己得了"理"便不饶人，非逼得对方鸣金收兵或竖白旗投降不可。然而"得理不饶人"虽然让你吹着胜利的号角，但这也是下次争斗的前奏，因为这对"战败"的一方而言也是一种面子和利益之争，他当然要伺机"讨要"回来。

　　最容易步入"得理不让人"误区的，是在能力、财力、势力上都明显优于对方时，也就是说你完全有本事干净利落地收拾对方。这时，你更应该偃旗息鼓、适可而止。因为，以强欺弱，并不是光彩的行为，即使你把对方赶尽杀绝了，在别人眼中你也不是个胜利者，而是一个无情无义之徒。

　　《菜根谭》中说："锄奸杜佞，要放他一条生路。若使之一无所容，譬如塞鼠穴者，一切去路都塞尽，则一切好物俱咬破矣。"所谓"狗急跳墙"，将对方紧追不舍的结果，必然招致对方不顾一切地反击，最终吃亏的还是自己。给对方留有余地，这也算是一种让步的智慧吧。

　　有一位哲人说过这么一句引人深思的话："航行中有一条公认的规则，操纵灵敏的船应该给不太灵敏的船让道。我认为，人与人之间的冲突与碰撞也应遵循这一规则。"

给人台阶下

郑国国君郑庄公，有个一母所生的弟弟叫段。因为他的母亲武姜非常喜欢段，想让段当国君，就支持段反叛，结果被郑庄公灭了，武姜被发配到边远地带。

武姜临行前，郑庄公发誓说："不及黄泉，未相见也"，不见黄泉路，不跟她见面，意思是到死都不想见母亲了。

因为这件事，百姓背后议论纷纷，郑庄公背上了"不孝"的名声。

后来，郑庄公后悔自己做得太绝了，但是"金口玉言"，说过的话，也不好反悔，所以有点进退两难。

这时，有个叫颍考叔的人，出了个主意：在地上挖个大坑，一直挖到出水，就是见到了"泉水"，这样就相当于见了"黄泉"。然后放个梯子，武姜和郑庄公顺梯子下去，在大坑里见面，就等于誓言实现。

郑庄公依计照办，母子相见，抱头大哭。郑庄公把母亲接回工宫奉养，百姓交口称赞。

这个故事有的版本说是修建了台阶下去的，所以后人把帮人保面子打破尴尬局面的事情，称为"下台阶"。

当然，给人台阶下，除了需要宽大的胸怀，还需要智慧。

19世纪，英国有位军官一再请求首相狄斯雷利加封他为男爵。可此人有些条件不能达标。

狄斯雷利无法满足他的请求，可他并没有直接说"不行，你不达标"而是用温婉的语气说："亲爱的朋友，很抱歉我不能给你男爵的封号，但我可以给你一件更好的东西。我会告诉所有的人，我曾多次请你接受男爵的封号，但都被你拒绝了。"

消息传出后，大家都称赞军官谦虚，淡泊名利，对他的礼遇和尊敬远远超过了任何一位男爵。

后来，这位军官成了狄斯雷利最忠实的伙伴和军事后盾。

可见，给尴尬者以"台阶"下，尊重其人格，给予宽容和体谅，使对方感受到你的诚挚与温暖，谁还会以怨报德而一错再错呢？

给人以台阶，是件心态与智慧并举的事情。具体来说，应做好以下几点：

第一，如果是对方或是身边人失误而造成不好下台的局面，那么"指鹿为马"是巧妙化解矛盾的方法。

第二，如果是自己失误而造成不好下台，聪明的办法是：多些调侃，少些掩饰；多些低姿态，少些趾高气扬；多些自嘲，少些自以为是。

第三，善用假设，巧避锋芒。比如，一件事情，双方都认为自己的观点正确。争执不下，你可以说一句"如果你说得正确，那我肯定错了"。相信对方也就不会再争辩了。有一次，一个男生和班主任老师争论起来，焦点是男生能不能到女生宿舍串门。班主任老师一口咬定绝对不能，学生认为可以适当串门，可是两人谁也没能说服谁。男生看到不能说服老师，又见老师似有怒意，只好结束话题："如果老师您说得正确，那我肯定错了。"班主任老师听了，沉默一会儿便不再争执了。这个假设句本来是一句废话，既没有肯定老师的观点，也没有否定自己的观点，然而却让老师偃旗息鼓。为什么呢？因为这个学生用的是假设句，他表达了放弃，老师当然会适可而止。由此可见。争执不下的时候，不妨多用假设句来表达，这也是一种互给台阶下的方式。

第四，善于利用对方的虚荣心。有一次，明朝三大才子之一解缙陪朱元璋钓鱼，整整一天一无所获。朱元璋十分懊丧，命解缙写诗记下这一天的情况。这诗可怎么写呢？解缙不愧为才子，稍加思索，信口念道："数尺纶丝入水中，金钩抛去永无踪，凡鱼不敢朝天子，万岁君王只钓龙。"朱元璋听完，龙颜大悦。

第五，承认自己的错误。人际交往中，出现矛盾很正常，伤害了别人的人，多些自我反省，勇敢承认自己的错误，向受害人诚恳道歉，便不难化解矛盾。

你伤害过谁也许早已忘记，但是，被你伤害的人却很难忘记。其实，给别人留个台阶，不伤别人的面子，也是给自己留面子。

会示弱是种智慧

在一辆拥挤的公交车上，一个彪形大汉因为有人踩了他的脚而怒气冲天，他站起身，晃动着拳头，正要砸向那个踩他脚的人。那人突然来了一句：别打我的头啊，我刚动了手术出院。大汉听了这话，顿时如断了电的机器人一样，高举的手定格在半空中，然后如泄气的皮球倒在自己的座位上。过了一会儿，大汉居然起身，要把自己的位子让给那个踩了他的脚的人。

这一幕极具戏剧性的场景，是编者亲眼所见。这令我想到了人与人之间的许多纠纷，不光只是靠讲道理或比实力来解决的。有时候，主动扯下脸面示弱也是一种极其有效的化解方式。

人都有一种争面子当强者的心态，而要当强者至少有两条途径：与人角力斗争获胜，可以满足自己的强者心态；而对于弱者的迁就与照顾，实际上也满足自己爱面子的强者心态。

人人都喜欢当强者，但强中更有强中手。一味地好强，自有强人来磨你，还不如在适当的时候示弱效果好。在强者面前示弱，可以消除他的敌对心理。谁愿意和一个明显不如自己的人计较呢？当"强"与"弱"出现明显的差距时，自认为的强者若与弱者纠缠，实在是把自己的身份与地位降低。就像一个散打高手，根本就不屑于和一个文弱书生动手——除非在忍无可忍的情况之下。

再举一个例子，如果一个不懂事的小孩骂了你，你会和他对骂吗？肯定不会，除非你也是一个小孩，或者你自愿成为一个只有小孩心胸的成年人。

除了在强者面前要学会示弱外，在弱者面前我们也应该学会示弱。在弱者面前示弱，可以令弱者保持心理平衡，减少对方的或多或少的嫉妒心理，拉近彼此的距离。在弱者面前如何示弱呢？

例如：地位高的人在地位低的人的面前不妨展示自己的奋斗过程，表明自己其实也是个平凡的人；成功者在别人面前多说自己失败的记录、现实的烦恼，给人以"成功不易""成功者并非万事大吉"的感觉；对眼下经济状况不如自己的人，可以适当诉说自己的苦衷，让对方感到"家家有本难念的经"；某些专业上有一技之长的人，最好说自己对其他领域一窍不通，袒露自己日常生活中如何闹过笑话、受过窘等；至于那些完全因客观条件或偶然机遇侥幸获得名利的人，完全可以直言不讳地承认自己是"瞎猫碰上死耗子"。

曾有一位记者去采访一位平时趾高气扬的政治家，原本打算搜集一些有关他的一些丑闻资料，作一个负面的新闻报道。他们约在一间休息室里见面。

在采访中，服务员刚将咖啡端上桌来，这位政治家就端起咖啡喝了一口，然后大声嚷道："哦！该死，好烫！"咖啡杯随之滚落在地。等服务员收拾好后，政治家又把香烟倒着放入嘴中，从过滤嘴处点火。这时记者赶忙提醒："先生，你将香烟拿倒了。"政治家听到这话之后，慌忙将香烟拿正，不料却将烟灰缸碰翻在地。政治家的整个做派，就像一个糊涂至极的老人，平时趾高气扬的政治家出了一连串洋相，使记者大感意外，不知不觉中，原来的那种挑战情绪消失了，甚至对对方怀有一种亲近感。

其实，整个出洋相的过程，都是政治家一手安排的。政治家都是深谙人性弱点的高手，他们知道如何消除一个人的敌意。当人们发现强大的假想敌也不过于此，同样有许多常人拥有的弱点时，对抗心理会不知不觉消弭，取而代之的是同情心理。人皆有恻隐之心，一旦同情某一个人，大多数人是不愿去打击他的。

　　适时示弱是一种高明的处世智慧。在强者面前示弱，可以消除他的敌对心理。在弱者面前示弱，可以令弱者保持心理平衡，减少对方的或多或少的嫉妒心理，拉近彼此的距离。

人不自嘲非君子

自嘲，顾名思义，就是自己嘲笑自己，拿自己开涮，让别人跟着乐。

美国一位身材肥胖的女士曾经这样自我解嘲："有一次我穿上白色的泳装在大海里游泳，结果引来了俄罗斯的轰炸机，以为发现了美国的军舰。"引得听众哈哈大笑。这种自揭其短、自废武功的话语，使得大家根本就不会认为她的胖是丑，都将注意力集中在她的风趣上。结果，肥胖不再是她的劣势，反而成为她的特点，使她在社交中游刃有余。

自嘲是一个人心境平和的表现。它能制造宽松和谐的交谈气氛，能使自己活得轻松洒脱，使人感到你的可爱和人情味，从而改变对你的看法。

李老师去上课，他刚推开虚掩着的门，门上掉下的一把扫帚正好打在他身上。面对学生的恶作剧，李教师并未火冒三丈，而是俯身捡起扫帚，轻轻拍了拍衣服，然后笑着对大家说："看来我的工作问题不少，连不会说话的扫帚也向我表示不满了。虽然这不一定是最好的表达方式，但对我敲打一下也未必不是好事。只是希望今后还是当面多提意见的好，我一定会虚心接受的。"李老师豁达大度的自嘲，既帮助自己摆脱了窘境，缓和了课堂的紧张气氛，又和谐了师生关系，为恶作剧的学生创造了一个自我教育的机会。

人的一生，是很难一帆风顺，事事顺意的。面对各种挫折和不快，自卑和唉声叹气固然无补于事，一味遮掩辩解又会适得其反，最佳的选择恐怕就是幽默的自嘲了。君不见，"光头谐星"凌峰不就是用"长得难看出名"，"使女同胞达到忍无可忍的程度"，这么几

153

句自嘲的话，而令春节联欢晚会上的观众发出会心的微笑，进而接受他、喜爱他的吗？

君子处世要有大气。所谓大气，就是豁达，就是舍得。不斤斤计较，不过分认真，多想自己的缺点和无能，舍得拿自己开涮。

威廉对公司董事长颇为反感，他在一次公司职员聚会上，突然问董事长："先生，你刚才那么得意，是不是因为当了公司董事长？"

这位董事长立刻回答说："是的，我得意是因为我当了董事长，这样就可以实现从前的梦想，和董事长夫人同床共枕。"

董事长敏捷地接过威廉取笑自己的靶子，让它对准自己，于是他获得了一片笑声，连发难的人也忍不住笑了。

自嘲不伤害任何人，因而最为安全。你可用它来活跃气氛，消除紧张；在尴尬中自找台阶，保住面子；在公共场合表现得更有人情味。总之，在社交场合中，自嘲是不可多得的灵丹妙药，别的招不灵时，不妨拿自己来开涮，至少自己骂自己是安全的，除非你指桑骂槐，一般不会讨人嫌。智者的金科玉律便是：不论你想笑别人怎样，先笑你自己。

人不自嘲非君子。能够舍得拿自己开玩笑的人，是一个自信、平和、睿智、讨人喜欢的人。

第九章
由内而外散发的真诚最吸引人

真诚是通向荣誉的路——19 世纪时，法国小说家爱弥尔·左拉如是说。

所谓做人要真诚，指的是一个人的思想、品格、言行都要发自内心、自然而然地表现出来。不加修饰，由内而外散发的美，才是最吸引人的、光彩夺目的美。

真诚的反面是虚伪，自欺欺人。靠戴假面具过日子，虚伪矫饰的人一生都在演戏，给人留下伪侯可憎的形象，自己也会因此丧失心灵的本性，忍受心理上的折磨。只有真诚坦率的人才会不失本色，才能自然具有人格魅力。

真诚具有惊人的魔力

一个人说话诚实，做事诚实，内心真诚，就会令人信服，故真诚可以消除隔阂，化解矛盾，促进人际关系的和谐团结。古人有"精诚所至，金石为开"的格言，这是说精诚的力量可以贯穿金石，何况人心呢。至诚之心的确有巨大的精神力量。三国时，诸葛亮对孟获七擒七纵，终于使孟获心悦诚服，化解了汉族和少数民族长期积存的矛盾，便是一个有说服力的例证。

今天，我们仍然要实行真诚待人的原则。上级要以诚对待部属，父母要以诚对待子女，企业经营者要以诚对待顾客，每一个人都要以诚对待同事和朋友……以诚待人，才能得到友谊和真情，才能得到别人的信任和尊敬。人际交往如果离开诚实的原则，相互欺骗，尔诈我虞，那么，人世间便不会有真情，更不会有团结紧密的人际关系了。

真诚的低层次要求是不说谎，不欺骗对方，但在复杂的社会和人生活动中，目的和手段有时是有一定的区别的。例如医生为了减轻病人的痛苦，以利于治病救人，往往向病人隐瞒病情，编造一套善意的谎话说给病人，这样才能使病人早日康复。它表现出的并不是虚伪，而是更高、更深层的真诚。

一般地说，交际需要真诚。日本山一证券公司的创始人、大企业家小池田子曾说："做人就像做生意一样，第一要诀就是诚实。诚实就像树木的根，如果没有根，树木就别想有生命了。"这段话可以说概括了小池成功的经验。

小池出身贫寒，20岁时就替一家机器公司当推销员。有一个时期，他推销机器非常顺利，半个月内就跟33位顾客做成了生意。之后，他发现他们卖的机器比别的公司生产的同样性能的机器昂贵。他想，同他订约的客户如果知道了，一定会对他的信用产生怀疑。于是深感不安的小池立即带着合同和订金，整整花了三天的时间，逐门逐户去找客户。然后老老实实向客户说明，他所卖的机器比别家的机器昂贵，为此请他们放弃合同。

这种真诚的做法使每个订户都深受感动。结果，33人中没有一个与小池废约，反而加深了对小池的信赖和敬佩。

真诚确实具有惊人的魔力，它像磁石一般具有强大的吸引力。其后，人们就像铁片被磁石吸引似的，纷纷前来小池的店购买东西或向他订购机器，这样没多久，小池就成了一个富翁。

信赖需要真诚来维系

人能够长期忍受物质上的匮乏，却无法长期忍受精神和情感上的匮乏。每个人对他人的需要和依赖是远远超过我们每个人自己所了解和想象的程度的。没有他人提供的物质，我们无以为生；没有他人对我们精神上的慰藉，我们就会度日如年。我们每个人所渴望的关心和爱护，所希冀的理解和友谊，所需要的尊重和承认，都只有在他人那里才能得到。没有他人对自己的期待、信赖、友情与尊敬，我们就无从获得我们所需要的安全感、幸福感和成就感，我们的存在也会失去价值和意义。

人为了获得精神上的情感上的满足，就要学会与他人和谐相处，要学会调节自己与他人的关系。青少年随着年龄的增长，与外界和他人的交往也日益增加。如何形成良好的人际关系，对于青少年身心的健康发展及顺利地迈入成人社会，有着极其特殊而又重要的意义。

形成良好人际关系的一个重要条件就是信任。人的感情沟通是同质的：爱引起爱，嫉妒引起嫉妒，恨引起恨。

由于许多原因，现在很多青少年在人际交往中存在的一个问题就是对他人难以信任，总认为别人是心怀叵测，不可相信的，因此，他在与人交往中，疑虑重重，唯恐上当受骗。确实，有些居心不良的人固然是要防备的，但这毕竟是少数现象，不能因此将朋友也拒之千里。过分的狐疑、猜忌、不信任，会使人难于交友，无法形成相应的人际关系，在这种氛围中工作学习都会受到影响，个人心理压力也会很大。

在与朋友交往中，诚实是相互信赖和友好交往的基础。知心朋友和牢固的友情是通过真诚相处而获得的。只有诚实对待对方，才能赢得对方的信赖，才会使友谊长存。

英国专门研究社会关系的卡斯利博士说：大多数人选择朋友是以对方是否出于真诚而决定的。他举例说，有一个富翁为了测验别人对他是否真诚，就伪装患病而住进医院，测试的结果，令富翁感到非常沮丧。

"很多人来看我，但我看出其中许多人都是希望分割我的遗产而来探望我的。经常和我有来往的朋友大都来了，但我知道他们当中很多人不过是当作一种例行的应酬。

"有一个从前欠我许多钱的人也来了，但在来看我之前，他已把所欠的钱还给我了，所以他在病床前很自负地说：'先生，我是还清了债才来看你的。'所以我认为，这人是为了争一口气而来的。

"还有几个平素与我不和的人也来了，但我知道他们只是乐于听到我病重，所以幸灾乐祸地来看我。有一个和我素不相知的人也来了，他说久仰大名，得悉阁下有病，特来探问，谨祝早日健康。这人不外乎是为了好奇，所以就来看我了。"

照这个富翁的说法，他的测验是完全失败的。卡斯利博士就告诉他说："我们为什么要苦于测验人对自己的真诚？难道测验一下自己对别人是否真诚，岂不更可靠？"

怀疑别人的真诚，这是朋友交往的大忌，这样不仅会将自己引入沟通的误区，还会伤害对方的自尊，导致友情的危机。这位富翁就是这样一种典型。人际交往是互相的，真诚也是双方的。

真诚地对待每一个人

美国第 26 任总统西奥多·罗斯福说："成功的第一要素就是懂得搞好人际关系。"可见良好的人际关系对成功者的一生是多么的重要。

每一个成功者的背后都有一个良好的人际关系圈，他们不管遇到什么困难，都有人相助，因此也就容易成功。所以人际关系对每个人真的很重要，它的好坏直接影响每个人的工作和事业，如果谁缺乏别的帮助，就不可能达到成功的目标的。

要想自己有良好的人际关系，就必须要真心诚意地关心别人。心理学家研究表明一个人只要真心对别人感兴趣，两个月内就能比一个要别人对他感兴趣的人在两年内所交的朋友还要多。真诚就是这样成为人们最可贵的精神品质。

你如果真诚地对待自己的朋友、同事或陌生人，他们同样也会以真诚来回报你，这样不仅改善了自己的人际关系，而且也树立了自己的公众形象，从而有利于自己的成功。

你也许读过几十本有关人际交往的书，恐怕还没有找到对你来说更有意义的方法。但 19 世纪奥地利心理学家阿德勒的这句话很深刻，相信对你会有启发："对别人不真诚的人不仅一生中困难最多，对别人的伤害也最大，人类所有的失败几乎都出自这种人。"

如果你要交朋友，就要挺身而出为别人付出，并且是真心真意的这样，路才会越走越宽。所以，良好的人际关系在你做事的过程中会起到重要的作用。

西奥多·罗斯福总统一直都是个受欢迎的人，甚至于他的仆人们也都喜欢他，也正是因为这一点，罗斯福的黑人男仆詹姆斯·亚默斯，写了一本关于他的书，取名为《罗斯福，他仆人眼中的英雄》。在那本书中，亚默斯说出这个富有启发性的事件：

"有一次，我太太问总统关于一只鹑鸟的事。她从来没有见过鹑鸟，于是总统他详细地描述一番。没多久之后，我们小屋的电话铃响了。我太太拿起电话，原来是总统本人。他说，他打电话给她，是要告诉她，她窗口外面正好有一只鹑鸟，又说如果她往外看的话，可能看得到。他时常做出像这类的小事。每次他经过我们的小屋，即使他看不到我们，我们也会听到他轻声叫出：'呜，呜，呜，安妮！'或'呜，呜，呜，亚默斯！'这是他经过时一种友善的招呼。"

这样的一个人恐怕确实很难让别人不喜欢他。

罗斯福卸任后，一天到白宫去拜访，碰巧继任的威廉·塔夫脱总统和他太太不在。他真诚地向所有白宫旧识仆人打招呼，都叫得出名字来，甚至厨房的厨娘也不例外。

书中写道："当他见到厨房的欧巴桑·亚丽丝时，就问她是否还烘制玉米面包，亚丽丝回答他，她有时会为仆人烘制一些，但是楼上的人都不吃。

"'他们的口味太挑剔了'，罗斯福有些不平地说，'等我见到总统的时候，我会这样告诉他。'

"亚丽丝端来一块玉米面包给他，他一边走到办公室去，一面吃，同时在经过园丁和工人的身旁时，热情地跟他们打招呼……

"他对待每一个人，都同他以前一样。我们仍然彼此低语讨论这件事，而艾克·胡福眼中含着泪说：'这是近两年来我们唯一有过的快乐日子，我们中的任何人都不愿意把这个日子跟一张百元大钞交换。'"

完善的品格魅力，其基本点就是真诚，而真诚待人，恪守信义也是赢得人心、产生魅力的必要前提。待人心诚一点，守信一点，就能更多地获得他人的信赖、理解，能得到更多的支持、合作，由此可以获得更多的成功机遇。

我们主张知人而交，当你捧出赤诚之心时，先看看站在面前的是何许人也，不应该对不可信赖的人敞开心扉。否则，适得其反。对已经基本了解、可以信赖的朋友，应该多一点信任，少一些猜疑；多一点真诚，少一些戒备。你完全没必要对你的那些完全值得信赖的朋友真真假假，闪烁其词，含糊不清，因为这种行为实在是不明智的行为。我国著名的翻译家傅雷先生说："一个人只要真诚，总能打动人的，即使人家一时不了解，日后便会了解的。"他还说："我一生做事，总是第一坦白，第二坦白，第三还是坦白。绕圈子，躲躲闪闪，反易叫人疑心；你要手段，倒不如光明正大，实话实说，只要态度诚恳、谦卑、恭敬，无论如何人家都不会对你怎么的。"以诚待人是值得信赖的人们之间的心灵之桥，通过这座桥，人们打开了心灵的大门，并肩携手，合作共事。自己真诚实在，肯露真心，敞开心扉给人看，对方肯定会感到你信任他，从而卸除猜疑、戒备，把你作为知心朋友，乐意向你诉说一切。其实，每个人的思想深处都有封锁的一面和开放的一面，人们往往希望获得他人的理解和信任。然而，开放是定向的，即向自己信得过的人开放。以诚待人，能够获得人们的信任，发现一个开放的心灵，争取到一位用全部身心帮助自己的朋友。在人们与他人打交道的过程中，如果防备猜疑被诚信取代，往往能获得出乎意料的收获。

以诚待人要坦荡无私、光明正大。一旦发现对方有缺点和错误，特别是对他的事业关系密切的缺点和错误，要及时地指正，督促他立即改正。批评确实不大讨人喜欢，但不妨换个角度去使他理解接受，从而沟通彼此心灵，发展友情。

　　要想得到知己的朋友，首先得敞开自己的心怀。只有讲真话、实话、不遮掩、不吞吐，才会换的朋友的赤诚和爱戴。正如革命老前辈谢觉哉同志在一首诗中写道："行经万里身犹健，历尽千艰胆未寒。可有尘瑕须拂拭，敞开心扉给人看。"

真诚也需要艺术

舞蹈家邓肯是19世纪最富传奇色彩的女性，热情浪漫外加叛逆的个性，使她成为反对传统婚姻和传统舞蹈的前卫人物。她小时候更是纯真，常坦率得令人发窘。

有一年圣诞节，学校举行庆祝大会，老师一边分糖果、蛋糕，一边说着："看啊，小朋友们，圣诞老爷爷给你们带来了什么礼物？"

邓肯马上站起来，严肃地说："世界上根本没有圣诞老爷爷。"

老师虽然很生气，但还是压住心中的怒火，改口说："相信圣诞老爷爷的乖女孩才能得到糖果。"

"我才不稀罕糖果。"邓肯回答。

老师勃然大怒，处罚邓肯坐到前面的地板上。

邓肯的回答没有错，但是，真诚并不是对人有什么说什么。

人无论处在何种地位，也无论是在哪种情况下，都喜欢听好话，喜欢受到别人的赞扬。的确，做工作很辛苦，能力虽然有大有小，但毕竟是尽了自己的一分力量，当然希望自己的努力得到他人和社会的承认，这也是人之常情。

会为人处世的人，此时必然避其锋芒，即使觉得他干得不好，也不会直言相对。生性油滑、善于见风使舵的人，则会阿谀奉承，拍拍马屁。这两者还是有区别的。

那些正直的人，此时也许要实话实说，这就让人觉得太过莽直，锋芒毕露了。有锋芒也有魄力，在特定的场合显示一下自己的锋芒，是很有必要的，但是如果太过，不仅会刺伤别人，也会损伤自己。

在这里为大家介绍一些表现真诚的技巧。

——表达看法、要求或建议时，话讲得慢一些，容易给人诚实的印象。如果说话很快，则易让人产生轻浮的印象。

——有十足理由的观点或要求时，若能以轻声的口气说，就会较容易让人相信和接受。

——与人交谈的时候，上半身往前倾斜，可表现出你对交谈者和所谈的事的强烈关心。

——"随时随地听您的吩咐"这句话可使对方感觉到你的诚意。

——认真时，有认真的表情；可笑时，则尽量去笑，这样做会给人感觉良好的印象。

——与客人或朋友、同事握手，一定得比常规距离更近一些，能表示你的友好和热情。

——不论是交际或私情，工作之余，凡是和上司一起相处在开放式的情绪中，翌日早晨都应该规规矩矩地上班，而且要比上司更早开始工作。因为这种做法可让上司知道自己是个公私分明、把握原则的人，因而加强了对你的信赖感。

——恪守在谈笑间所订的诺言，可增加对方认为你是很诚实的印象。

——以手势配合讲话，比较容易把自己的热情传达给对方。

……

另外值得一提的是，在日常生活中，人们对事物的看法都属见仁见智，本无所谓对错。比如个人的衣食住行、穿衣戴帽、兴趣爱好等等。许多自认为"有话直说""想到什么说什么""直筒子脾气"的人，其实是简单地用自己的观念和习惯去衡量别人的态度与行为，一遇到不对自己胃口的事立刻就去指责别人，实际上这并不是对他人善意的真诚，只是自我不悦情绪的随意宣泄。

中国有句老话叫"不看你说的是什么，只看你是怎么说的"。同样一个意思，不同的人有不同的说法，不同的说法也就会产生不同的效果。

我们与人交流时，千万不要以为内心真诚便可以不拘言语，我们还要学会委婉、艺术地表达自己的想法。一句话到底应该怎么说，其实很简单，你只要设身处地从他人的角度想想。

俗话说："顺情话好说，耿直人难当。"

其实，现实生活中经常见到"说谎"的人，大人物也不例外。比如，从内心反感开会的人常说："非常高兴有机会参加这次会议……"；对相貌平平者说："你非常漂亮！"在忙得不可开交的时候，接到话不投机朋友的电话，偏偏他讲了5分钟还没有放下话筒的意思，于是只好来一招："对不起，我马上就要开会了！"明示对方结束话题等等。尽管是言不由衷，但于人于己都无害，别人也容易接受。

但是，讲善意的谎话一定要注意原则，切不可从私利出发，颠倒黑白、混淆是非，否则只能遭到别人的唾弃。

第十章
谦逊是美德的根

　　谦逊的人恪守的是一种平衡关系，也就是让周围的人在对自己的认同上达到一种心理上的平衡，并且从不让别人感到卑下和失落。非但如此，有时还能让别人感到高贵，感到比其他人强，即产生任何人都希望能获得的那种所谓优越感。

处世要谦卑

富贵如浮云。有，不要太高兴；没，也不要失望。明天，可能一切都会改变。

有一个财大气粗的建筑业大老板看见一个工人在清洁门窗，就走过去说："好好干！想当年我也当过清洁工。"那个工人笑笑："您也好好干！想当年我也是个大老板。"

人生总得几个浮沉，春风得意时要感恩与谦卑，被打倒趴到地上，也要学会不怨不怒。即使有天再被捧上宝座，依然战战兢兢。从感恩出发，从谦卑做起——卧薪尝胆的马英九的这句宣言可谓历练人生之后的精华。

美国哈佛大学人际学教授约翰·杜威曾说："人类本质中最殷切的需求是渴望被肯定。"两个人初次见面，放低姿态，及时表达谢意，说话办事的时候谦虚、谨慎、低调，处在下风的位置，这样自然能够被对方乐于接受，获得满意的结果。

对他人的帮助要知道感恩道谢。有些人凡事认为理所应当，不善于及时表达谢意，甚至骄傲自大，趾高气扬，不把别人放在眼里，没人喜欢与这样的人打交道。抱着这种态度与人交往，必然四处碰壁，让自己的人际关系一团糟，你的工作、事业，甚至爱情，都会大打折扣。

事实上，善于表达谢意，以感恩、谦卑的姿态面对身边的人和事，是一种积极的人生态度。美国著名作家罗曼·W.皮尔是"积极成像"观点的主要倡导者，他提出的"态度决定一切"，已经成为表达积极思维力量的一句口头禅，传遍了全世界。

美国当代成功学家安东尼曾说过这样的一句话："人要获得成

功，第一步就是先要存有一颗感恩的心，感激之心。"是的，会感恩的人才会赢得别人尊重、爱护与帮助。一个人也只有学会感恩，才算是学会了做人。否则，一个人要是不知好歹，甚至把人家的好心当作驴肝肺，你怎么指望他会以爱心、以负责任的态度去面对父母、家庭、同学、同事、朋友、单位和社会呢？

从感恩出发，从谦卑做起，学会随时表达感激，是每个人应该掌握的一种处世智慧。

感恩也是对爱的一种表达，感恩之中蕴藏着一份做人的谦虚和真诚，一种对他人的感谢与尊重。

满招损，谦受益

古人有"满招损，谦受益"的箴言，忠告世人要虚怀若谷，对人对事的态度不要骄狂，否则就会使自己处在四面楚歌之中，被世人讥笑和瞧不起。一句话，谦逊是获得成功和赢得人们尊重的最重要的品质之一。

尚未达到成功的人并没有什么值得特别骄傲的，因此，更应该而且必须保持谦逊。已经取得成功的人，也不该自高自大、自鸣得意和自以为是，而应该继续保持谦逊的作风，因为知识是无穷的，没有任何一种力量能够永远战胜未来。而未来才是不骄不躁的裁判，一切自以为是的骄傲情绪都会在这里被无情地判罚出局。

大发明家爱迪生有过一千多项改变人们生产和生活方式的发明，被誉为"发明大王"和"一代英雄"。但在他的晚年，由于越来越严重的骄傲情绪，使得恰恰是在他最志得意满的领域里犯了形而上学的大错误。他固执地坚决反对交流输电，一味坚持直流输电，结果导致惨败。原来以他的名字命名的公司不得不改为"通用电器公司"，而实行交流输电的西屋电器公司至今仍保留着。这真是"英雄迟暮，骄则自误"。

有些错误是在无知中产生的，还有些错误是由骄傲引发的，被胜利冲昏了头脑，评判事物的标尺就会失衡。所以，即便是取得了一定成就的人，也不应该自以为是和沾沾自喜。

不论是属于意外的幸运，还是经过长期苦斗终于取得了成功，心中充满巨大的快乐以至一时间欣喜若狂，都是可以理解的。因为，人生中还有什么比成功更值得高兴的事情呢。但是如果一个人仅仅因一次成功从此就一直这么欣喜若狂着，人人都会说他是个疯子。

从此一直就这么得意扬扬，到处显耀自夸，总是表现出一种优胜者的得意忘形和骄傲自满，人们虽然不至于说他是疯子，大概也绝不会敬佩他，而只会鄙视他。

如果自鸣得意者只是怀有一种优胜者良好的自我感觉，而且能以此感觉而不停顿的勇敢向前进击，这当然是一种美好的心理状态，在这种心理状态下他可以不断地取得新的成功。但是一般来说，不谦逊的人就很难把自己的感觉控制在这个境界里了。恰恰相反，他只是自以为已经了不起，而不知道天外有天，人外有人。

不谦逊的人大多不能正确地看待自己，并且最容易走进自己重复自己的怪圈。因为他被自己头上的那层光环迷住了双眼，有些眼花缭乱，有些飘飘然。伴随着岁月无声的流逝，自以为已经走了很远的路，有一天当他突然醒来一看，才知道自己还停留在当初的出发点上。也许直到那时候，他才会发现，同龄人和周围的世界已经物是人非，今非昔比。山上已是旌旗烂漫，他却仍然躺在山下的池塘边，顾影自怜。也许直到那时候，他才会爬起来，扔掉头上的光环，走出怪圈，不再重复自己。

当人们骄狂自得的时候，可以摸一摸自己的头顶上，是哪一层光环迷住了自己的心眼。及早把它扔掉，就会轻松许多。

几千年前的古人就告诫过我们："天行健，君子以自强不息。"

我们所感觉、所认识到的那无边无际的宇宙天体，它也是在永恒地流转不息，旋转前进。我们与万事万物一道，都存在于这个流转不息的天地之间。大凡有志之士，要修成德行、学问、事业、功名，也应效法天道，永无止息地努力、前进、创造。

自以为了不起而自鸣得意，问题就出在自己对自己错误的认识上。我们本该不断地拥抱新的自我——一个比一个更美丽动人的自我，可是我们如果自鸣得意，那就会总是舍不得放下那个旧我。

我们生活在时间的长河中，既不可能让时间凝固，更不可能让时间倒转。过去的一切都已经过去，无论多么辉煌都已经过去，对我们的生命实际上不可能构成新的意义。现在是一个不断成为过去、不断迎接未来的时刻。所以，不断地对我们的生命构成新的意义的唯有未来。未来一切的可能性都存在于我们的生命运动之中，只有放眼未来的生命才可能重放光彩。

只有面向未来才能实现对自我的超越。那位学识渊博的浮士德所大声宣称的"我永远不能满足自己"就是一句不断否定自我、不断超越自我的誓言。德国现代哲学家海德格尔的超越理论对我们也有一定的启迪价值。他在竭力张扬"亲在"，即"人生在世"，"在世界之中"的前提下，对自我的必然被超越、自我如何被超越作出了深刻的思辨。他概括了超越的三条途径——实际上是超越的三个方面，即超越世界、超越他人、超越现实。

如果我们能够把自我放在这样一个不断被反问、不断被超越的境地，我们就会迎来"一个比一个更美丽动人的自我"，使我们的生命总是呈现为一种全新的状态。这样，一切自鸣得意，骄傲自满的情绪就会烟消云散，最后就会在谦逊中找到自己的坐标。

谦逊的人事业无止境

懂得谦逊就是懂得人生无止境，事业无止境，知识无止境。知之为知之，不知为不知，知不知者，可谓知矣。海不辞水，故能成其大；山不辞石，故能成其高。有谦乃有容，有容方成其广。

人生本来就是克服了一个又一个障碍前进的，攀登事业的高峰就像跳高，如果没有一个刹那间的下蹲积聚力量，怎么能纵身上跃？人生又像一局胜负无常的棋局，我们无法奢望自己永远立于不败之地。明代洪应明的《菜根谭》说："鹤立鸡群，可谓超然无侣矣，然进而观于大海之鹏，则渺然自小；又进而求之九霄之凤，则巍乎莫及。"只有建立在谦逊谨慎、永不自满的基础之上的人生追求才是健康的、有益的，才是对自己、对社会负责任的，也一定是会有所作为、有所成功的！

晋襄公有个孙子，名叫惠伯谈，晋周是惠伯谈的儿子，晋襄公的曾孙。

这位晋周生不逢时，遇晋献公宠信骊姬，晋国公子多遭残害。晋周虽然没有争立太子的条件，更无继位的希望，也同样不能幸免。为保全性命，晋周来到周朝，跟着单襄公学习。

晋是当时的大国，晋周以晋公子身份来到周朝。但晋周自小受父亲教育，养成良好的品性，他的行为举止完全不像一个贵公子。以往晋国的公子在周朝名声都不好听，晋周却受到对人要求严厉的单襄公的称誉。

单襄公是周朝有名的大臣，学问渊博，待人宽厚而又严厉，是周天子和各国诸侯王公都很尊敬的人，晋周很高兴能跟着他，希望能跟着单襄公好好学习，以成长为有用的人才。

　　单襄公出外与天子王公相会，晋周总是随从在后。单襄公与王公大臣议论朝政，晋周从来都是规规矩矩地站在单襄公身后，有时，一站几个小时，晋周都从未有一丝不高兴的神色。王公大臣都夸奖晋周站有站相，立有立相，是一个少见的谦恭君子。

　　晋周在单襄公空闲时，经常向单襄公请教。交谈中，晋周所讲的都是仁义忠信智勇的内容，而且讲得很有分寸，处处表现出谦逊的精神。

　　在周朝数年，晋周言谈举止的每一个细节，都谦逊有礼，从未有不合礼数的举动发生。周朝的大臣都很夸奖他。

　　单襄公临终时，对他儿子说："要好好对待晋周，晋周举止谦逊有礼，今后一定会做晋国国君的。"

　　后来，晋国国君死后，大家都想到远在周朝的晋周，就欢迎他回来做了国君，成为历史上的晋悼公。

　　晋周本是一个毫无条件争当太子的王子，仅以谦逊的美德征服了国内外几乎所有有权势的人，最终却被推上了王位，可见谦逊的力量有多么巨大。

　　老子说，"上善善水，水利万物而不争""夫唯不争，故天下莫能与之争"，确非虚言。

　　许多人对于谦逊这项重要的特质，不以为然。事实上，谦逊是一项积极有力的特质，若加以妥善运用，可使人类在精神上、文化上或物质上不断地提升与进步。谦逊是人性中的精髓，因为谦逊，圣雄甘地使印度独立自由。

　　不论你的目标为何，如果你想要追求成功，谦逊都是必要的条件。在到达成功的顶峰之后，你才会发现谦逊有多么重要。只有谦逊的人才能得到智慧。聪明的人最大的特征是能够坦然地说："我错了。"

　　好酒也怕巷子深。对于谦逊，我们还要指明一点的是：过度的谦逊并不是一种可取的美德。在这个现实的世界，好的道德与才能，如果没有人知道，并不就是很好的回报。这不仅是在欺骗自己，也是在欺骗别人，更是对自己功绩的诋毁。俗话说："过分的谦虚等于骄傲"，就是这个道理。

谦逊的人善于自省

每个人都有他的一套做人的方法。一个人确立了自己的做人的处世观后（或许应当说，一个人以他自己一贯的做人的方法做人），一定以为自己做得十分正确，否则他便不会这样做人了。

换言之，许多被公认"不会做人"的人，心里也许还以为自己会做人。没有"自知之明"是自古以来的"人之患"，学做人必须克服此患。

人的一言一行，一举一动，都受自己的主观思想的影响，都以为自己做的一切都对。所以，关于做人的重要一课，是如何谦逊地自我反省，认识到自己的错误。

只有知错才会有改过的希望。只有不断修正自己的错误行为，才更会做人。

问题是谁都懂得"发现别人的错"，却不懂得知道自己的错（因为错与不错，由自己的主观去判断）。学做人，要先学会不断地检查自己的行为和发现自己所做的错事，然后知错就改。

反之，这样做也有应当小心的地方，如果常常"在心里自己认错"，就会形成心理压力，对自己有压抑作用，久而久之，甚至可以使自己失去信心，因此，也要避免这种心态。

若想避免这种副作用，我们应当经常在心里反躬自省一些问题。不应该问"这件事我做错了什么？"而应该问"我如何才可以将这件事做得更好？"

后面的一句话，先承认了"这事可以做得更好"，于是使自己开始思索"怎样改进"这个有益处有建设性的问题。而且自己既然可以"做得更好"，也有助于增强自信心。

应当如何找出自己的行为错失和不会做人之处？编者在此提出下列四点建议：

第一，虽然你做人很成功，办事多能得到理想中的收获，仍然可以每隔一段时期检讨一下自己的行为，并想出在哪些方面你可以做得更好。

即使你很成功，相信在心底里仍然知道"许多事我可以做得更好"。这想法（和后来想出的"做得更好"的方法）极有助于反躬自省。

第二，做一件事而得不到心目中的结果时，应先假定那是因为自己有些地方做得不对，而不是因为"难以控制的外来因素"，一味地归因于客观因素。后一种想法是不会做人者的通病（而且常常这样想的人也很难学会做人）。

第三，和别人交往而发觉别人对你反应不好时，应主动想到过错可能在自己（即使过错在别人）。别人讨厌你的时候，应当看看自己的行为有无不会做人之处，不应只怪别人有眼无珠。

第四，万一别人出言批评你，应当尝试虚心接受这些批评，然后反躬自省如何才能否进一步改进。

拒绝善意的批评和忠告不是英雄气概，而是怯于面对现实，使你失去正视错误和进步的机会。

经常用上面四种方法自我检讨，你就会更加懂得做人。

骄傲自大酿苦果

人生在世会遇到各种各样的险境，骄傲自大可能是最可怕的一种。处境卑微自然不幸，但却没有太大的危险，趴在地上的人是不会被摔死的。最可怕的情境是身处险峰而高视阔步，只谓天风爽，不见峡谷深。这正是人们骄傲时的典型情境。

其实，只要脚下的某块石头一松动，就有坠入深渊的危险，而那些不可一世的英雄却全然不觉，兀自陶醉于"一览众山小"的壮景豪情中。殊不知正是这种时候，脚下的石头是最容易松动的。

古往今来，一个"傲"字毁了多少盖世英雄！

三国时候，祢衡很有文才，在社会上很有名气，但是，他恃才傲物，除了自己，其他任何人都不放在眼里。容不得别人，别人自然也容不得他。所以，他"以傲杀身"，被杀于黄祖。

祢衡所处的时代，各类人才是很多的，但他目中无人，经常说除了孔融和杨修，"余子碌碌，莫足数也"。即使是对孔融和杨修，他也并不很尊重他们。祢衡20岁的时候，孔融已经40岁了，他却常常称他们为"大儿孔文举，小儿杨德祖"。

经过孔融的推荐，曹操见了祢衡。见礼之后，曹操并没有立即让祢衡坐下。祢衡仰天长叹："天地这样大，怎么就没有一个人！"

曹操说："我手下有几十个人，都是当今的英雄，怎么说没人？"

祢衡说："请讲。"

曹操说："荀彧、荀攸、郭嘉、程昱机深智远，就是汉高祖时候的萧何、陈平也比不了；张辽、许褚、李典、乐进勇猛无比，就是古代猛将岑彭、马武也赶不上；还有从事吕虔、满宠、先锋于禁、徐晃，又有夏侯淳这样的奇才，曹子孝这样的人间福将，怎么说没人？"

祢衡笑着说："您错了！这些人我都认识，荀彧可以让他去吊丧问疾，荀攸可以让他去看守坟墓，程昱可以让他去关门闭户，郭嘉可以让他读词念赋，张辽可以让他击鼓鸣金，许褚可以让他牧羊放马，乐进可以让他朗读诏书，李典可以让他传送书信，吕虔可以让他磨刀铸剑，满宠可以让他喝酒吃糟，于禁可以让他背土垒墙，徐晃可以让他屠猪杀狗，夏侯淳可称为'完体将军'，曹子孝可叫作'要钱太守'。其余的都是衣架、饭囊、酒桶、肉袋罢了！"

曹操很生气，说："你有什么能耐？敢如此口出狂言？"

祢衡说："天文地理，无所不通，三教九流，无所不晓；上可以让皇帝成为尧、舜，下可以跟孔子、颜回比美。怎能与凡夫俗子相提并论！"

这时，张辽在旁边，拔出剑要杀祢衡，曹操阻止了张辽。曹操不杀祢衡主要是因为祢衡名气大，曹操不愿天下人说他容不得人。后来曹操想借机羞辱祢衡，不过没有得逞。曹操虽然生气，但还是忍住没有杀祢衡，他决定把祢衡送给刘表，看看结果会怎样。就这样，曹操没有动祢衡一根毫毛，后来让人把他送到刘表那儿去了。

到了荆州，刘表对祢衡不但很客气，而且"文章言论，非衡不定"。但是，祢衡骄傲之习不改，多次奚落、怠慢刘表。刘表又出于和曹操一样的动机，把他送给了江夏太守黄祖。

到了江夏，黄祖也能"礼贤下士"，待祢衡很好。祢衡常常帮助黄祖起草文稿。有一次，黄祖曾经握住他的手说："大名士，大手笔！你真能体察我的心意，把我心里要想说的话全写出来啦！"

但是，后来在一条船上，祢衡又当众辱骂黄祖，说黄祖"就像庙宇里的神灵，尽管受大家的祭祀，可是一点儿也不灵验"。黄祖下不了台，恼怒之下，把祢衡杀了。祢衡死时才26岁。

曹操知道后说："迂腐的儒士只会摇唇鼓舌，自己招来杀身之祸。"

祢衡短短一生未经军国大事，是块什么样的材料很难断定。然而狂傲至此，即使他有孔明之才，也必招杀身之祸。

关羽大意失荆州，同样是历史上以傲致败最经典的一个故事。

三国时期，吴将吕蒙来见孙权，建议乘关羽和曹操合围樊城的时候，偷袭荆州。这建议正合孙权之意，立刻委以重任。

可是，吕蒙发现镇守荆州的蜀将关羽警惕性很高，荆州军马整齐，沿江又有烽火台警戒，互透军情，很难正面攻破。正在苦思偷袭之计，陆逊来访，教给吕蒙一条诈病之计。

陆逊说："关羽自恃是英雄，无人可敌。唯一惧怕的就是将军你了。将军乘此机会可假装有病，解去军职，把陆口的军事任务让给别人，又使接你职务的人大赞关羽英武，使关羽骄傲轻敌。这样，关羽就会把防这荆州的兵调去攻打樊城。假如荆州没有防备，将军只需用小股军队突袭荆州，便可以重新掌握荆州了。

后来，吕蒙果然请了病假，回到建业休息，并推荐陆逊代他守陆口。关羽得到消息知道吕蒙病重，已调离陆口，新来的陆逊又不见经传，遂有轻敌之心。他还收到陆逊送来的信函，信中盛赞关羽的智勇双全，表达了陆逊对关羽的敬仰。这封信实际是陆逊在麻痹关羽。而关羽看完信，果然放松了对陆逊的警惕。他下令把原来防备东吴的军队陆续调往樊城前线。

就在这时，曹操听司马懿之计派使来到吴国，要孙权夹击关羽。孙权早已决定要袭取荆州，所以马上复信，表示同意。这样，原来的孙刘联盟抗曹，一下子变成了曹、孙联盟破刘，形势急转直下。孙权拜吕蒙为大都督，统领江东各路兵马，袭击关羽的后方。

　　吕蒙到了浔阳，命士兵们穿了白色的衣服扮作商人，借故潜入烽火台，攻取了荆州。

　　事情到了这个地步，关羽才知道自己对东吴的防备太大意。为了重振军威，他带着日益减少的人马准备南下收复江陵。但是，在吕蒙、陆逊的分化瓦解下，他只能步步败退，最后只有困守麦城。后来，他被生擒活捉，斩首。

　　关羽之死，可谓千古悲歌。其一生忠义，几近完人。只因一个"傲"字，失地断头。虽然令人感叹，更为后人敲响了警钟。英雄如关羽，尚且骄傲自大不得，年轻人哪里还有骄傲的理由！

骄傲的原因是无知

所有骄傲的人都认为，自己有学识，有能力，或有功劳；而谦逊的人却总是说：我还差得很远。骄傲者真的有其骄傲的资本，而谦逊者真的差得很远吗？这是一个耐人寻味的问题。

事实上，骄傲者虽然往往有一定的学识或能力，但他骄傲的真正原因绝不是学识，而是无知。

楚汉相争时，项羽勇将龙且奉命率领大军，日夜兼程向东进入齐地，救援齐王田广。

韩信正要向高密进军，听说龙且兵到，召见曹、灌二将，嘱咐他们：要谨慎应敌。于是，命令部队后撤三里，选择险要的高地安营扎寨，按兵不动。

楚将龙且，以为韩信怯战，想渡河发起攻击。属下官吏向他建议按兵不动，以拖待变。

龙且性高气傲，目空一切，看不起韩信，还是决定主动进攻。

副将周兰上前进谏道："将军不可轻视韩信。那韩信辅佐汉王平定三秦，平赵降燕，今又破齐，足智多谋，还望将军三思而行。"

龙且大笑，不以为然，当下即派人渡水投递战书。为准备决战，韩信命军士火速赶制一万多条布口袋，当夜候用。黄昏时分，韩信召部将傅宽，授予密计："你带兵各自带上布口袋，偷偷到潍水上游，就地取泥沙装进口袋里，选择河面见窄的地方堆上沙口袋，阻挡流水。等明天交战时，楚军渡河，我军发出号炮，竖起红旗，即命兵士捞起沙口袋，放下流水，至要至要！"

韩信命众将今夜静养，明日见红旗竖起，立即全力出击。第二天，他又命曹参、灌婴两军留守西岸，自己率兵渡到东岸，大声挑战道："龙且快来送死！"

龙且本是火暴性子，他跃马出营，怒气冲冲，举刀直奔韩信，韩信急忙退进阵中，众将出阵抵挡。韩信拍马就走，众将也忙退兵，向潍水奔回。

龙且领头追去，周兰等随后紧跟，追近潍水，那汉兵却渡过河西去了。

龙且正追赶得起劲，哪管水势深浅，也就跃马西渡。周兰看见河水忽然浅了，有些怀疑，急追上去想劝住龙且。楚军两三千人刚刚渡到河中，猛然一声炮响，河水忽然上涨了好几尺，接着便汹涌澎湃，如同滚筒卷席一般。河里的楚兵站立不稳，被汹涌的大浪卷走，不久便是满河浮尸。

这时汉军阵中红旗竖起，曹参灌婴从两旁杀来。韩信率众将杀回来。不管龙且如何骁勇，周兰如何精细，也冲不出汉军的天罗地网。结果是龙且被斩，周兰被擒，两三千楚兵统统当了俘虏。

听龙且对韩信的评价，几乎完全不了解对方。所言种种，无非出身低微、忍胯下之辱一类的谗言。以此为据而战兵于韩信，岂有不败之理？

俄国作家列夫·托尔斯泰曾经有一个巧妙的比喻。他说：一个人对自己的评价像分母，他的实际才能像分数值，自我评价越高，实际能力就越低。这个比喻，生动地说明了一个人的自我评价与其真才实学之间的关系。